Biologische Rhythmen und Arbeit

Bausteine zur Chronobiologie und Chronohygiene der Arbeitsgestaltung

Herausgegeben von Gunther Hildebrandt

Springer-Verlag
Wien New York

Professor Dr. Gunther Hildebrandt
Direktor des Instituts für Arbeitsphysiologie und Rehabilitationsforschung
der Universität, Marburg an der Lahn, Bundesrepublik Deutschland

Nach Vorträgen, gehalten auf dem Kongreß über
Rhythmische Funktionen in biologischen Systemen
Wien, 8. bis 12. September 1975
unter Leitung von
Univ.-Prof. Dr. F. Seitelberger und Generalsekretär Univ.-Doz. Dr. G. Lassmann
Wien, Österreich

Mit 83 Abbildungen

Das Werk ist urheberrechtlich geschützt.
Die dadurch begründeten Rechte, insbesondere die der Übersetzung,
des Nachdruckes, der Entnahme von Abbildungen, der Funksendung, der Wiedergabe
auf photomechanischem oder ähnlichem Wege und der Speicherung in Datenverarbeitungsanlagen,
bleiben, auch bei nur auszugsweiser Verwertung, vorbehalten.

© 1976 by Springer-Verlag/Wien

Library of Congress Cataloging in Publication Data. Kongreß über Rhythmische Funktionen in Biologischen Systemen, Vienna, 1975. Biologische Rhythmen und Arbeit. „Nach Vorträgen, gehalten auf dem Kongreß über ‚Rhythmische Funktionen in Biologischen Systemen', Wien, 8.–12. September 1975." 1. Medicine, Industrial-Congresses. 2. Circadian rhythms-Congresses. 3. Work-Physiological aspects-Congresses. I. Hildebrandt, Gunther, 1924–. II. Title. RC963.3.K62. 1975. 612'.042. 76-25043.

ISBN-13: 978-3-211-81372-0   e-ISBN-13: 978-3-7091-8442-4
DOI: 10.1007/978-3-7091-8442-4

Vorwort des Herausgebers

Beim internationalen Kongreß „Rhythmische Funktionen in biologischen Systemen" sind zum ersten Male arbeits- und sozialmedizinische Aspekte der biologisch-medizinischen Rhythmusforschung Gegenstand eines ganzen Tages gewesen. Dies läßt erkennen, daß die Chronobiologie nicht mehr das Hobby einiger Theoretiker und Enthusiasten ist, sondern mit ihren Methoden und Resultaten ganz konkret das wissenschaftliche Fundament für unser praktisches Handeln in der Medizin mitgestaltet. Ihre Ergebnisse und Betrachtungsweisen betreffen dabei nicht allein Diagnose und Therapie am Krankenbett, sie sind vor allem auch geeignet, im Sinne der Prävention und der allgemeinen Sozialhygiene wirksam zu werden.

Neben den sozusagen klassischen Problemen einer chronobiologisch orientierten Arbeits- und Sozialmedizin, wie z. B. der Nacht- und Schichtarbeit oder der Tagesschwankung der Leistungsfähigkeit, werden heute zahlreiche weitere Aspekte von praktischer Bedeutung sichtbar, wie z. B. die Unfallforschung oder die Chronohygiene im Sinne einer umfassenden Verhaltenszeitordnung. Gleichwohl sind wir von einer Systematik, die sich am Gesamtspektrum der rhythmischen Funktionen des Menschen und seiner Umwelt sowie an deren komplexen inneren Zusammenhängen und Wechselwirkungen orientiert, noch weit entfernt.

Die Zusammenstellung dieser Vorträge und Referate läßt aber bereits Schwerpunkte erkennen und kann zugleich Anregung zu weiterer Forschungsarbeit auf einem Gebiet geben, das für die Bewältigung der heutigen Probleme des tätigen Menschen immer wichtiger wird.

Dem Springer-Verlag Wien, insbesondere Herrn Dr. W. Schwabl, gebührt Dank für die Initiative zur Herausgabe dieses Bandes. Herrn Dr. H. Strempel danke ich für seine Mitwirkung bei der Zusammenstellung.

Gunther Hildebrandt

Marburg/Lahn, im August 1976

Inhaltsverzeichnis

Einführungsreferat: Chronobiologische Grundlagen der Leistungsfähigkeit und Chronohygiene. Von G. Hildebrandt 1
1. Chronobiologische Grundlagen der Leistungsfähigkeit 1
2. Chronohygiene 9
Literatur 17

Zur Frage tagesrhythmischer Änderungen von maximaler Muskelkraft und Extremitätendurchblutung nach isometrischer Kontraktion. Von A. Rieck und A. Kaspareit 21
Literatur 28

Tagesrhythmische Einflüsse auf die Thermoregulation unter thermischen Belastungen. Von H. Strempel, G. Hildebrandt, M. Cabanac und B. Massonnet 31
Methodik 32
Ergebnisse 35
  1. Tagesgang der Ruheausgangswerte 35
  2. Autonome Reaktionen während passiver Aufheizung und Kühlung 35
  3. Subjektive Reaktionen während passiver Aufheizung und Abkühlung 37
  4. Tagesgang des Sollwertes der Körpertemperatur 38
Diskussion 40
Literatur 41

Tagesrhythmische Schwankungen der visuellen und vegetativen Lichtempfindlichkeit beim Menschen. Von Rita Knoerchen, Eva-Maria Gundlach und G. Hildebrandt 43
Methodik 43
Ergebnisse 44
  1. Visuelle Lichtempfindlichkeit 44
  2. Vegetative Lichtempfindlichkeit 49
Diskussion 52
Literatur 53

Tagesschwankungen der Pulsreaktion auf Schwerarbeit unter erhöhter Außentemperatur während einer Rettungsübung in verschiedenen Schutzanzügen. (Vorläufige Mitteilung.) Von J. Tejmar und B. Neufang 55
Methodik 55
Ergebnisse 58

Der Einfluß der Tageszeit und des vorhergehenden Schlaf-Wach-Musters auf die Leistungsfähigkeit unmittelbar nach dem Aufstehen. Von Ann Fort und J. N. Mills 59
Einleitung 59
Methodik 59
Versuchsanordnung 60
Ergebnisse 61
Diskussion 63
Literatur 64

Berücksichtigung des Biorhythmus bei der Erholzeitermittlung und Erholzeitvergabe.
Von P. G. Köck 65

Einleitung 65
Herkömmliche Art der analytischen Erholzeitermittlung 65
Mängel bei der Erholzeitermittlung 67
Mängel der Erholzeitvergabe 67
Belastungsadäquate Erholzeitermittlung und Erholzeitvergabe unter Berücksichtigung des Biorhythmus 68
Schlußwort 71
Literatur 71

Wochenperioden der Arbeitsunfallhäufigkeit im Vergleich mit Wochenperioden von Herzmuskelinfarkt, Selbstmord und täglicher Sterbeziffer. Von W. Undt 73

Biologisches Material 73
Methodik 73
Arbeitsunfälle 74
Maschinenunfälle 75
Elektrounfälle 75
Herzmuskelinfarkte 75
Selbstmorde und Selbstmordversuche 76
Tägliche Mortalität 77
Schlußbemerkung 77
Zusammenfassung 78
Ergänzung 78
Literatur 78

Nachtschlafzyklen nach Interkontinentalflügen. Von R. Ullner, J. Kugler, F. Torres und F. Halberg 81

Beobachtungen 81
Diskussion 87
Literatur 89

Untersuchungen zur Circadianrhythmik der Körpertemperatur bei langsam und schnell rotierten Schichtplänen. Von P. Knauth und J. Rutenfranz 91

1. Methodik 91
2. Ergebnisse 92
3. Diskussion 96

Biologische Tagesrhythmen bei unterschiedlicher Anordnung der Arbeitszeit. Von K. Pettersson-Dahlgren 97

Untersuchungsanordnung 98
Dauer-Nachtschicht 98
Wechselschicht 100
Dauer-Frühschicht 103
Zusammenstellung der Körpertemperaturkurven 104
Interindividuelle Unterschiede 106
Literatur 107

Untersuchungen des Rhythmus der psycho-physiologischen Leistungsfähigkeit beim Schiffspersonal. Von K. Dega, R. Dolmierski und St. Klajman 109

Methodik 109
Ergebnisse 110
Schlußfolgerungen 114
Literatur 115

Zur Typologie der circadianen Phasenlage. Ansätze zu einer praktischen Chronohygiene.
Von O. Östberg 117
Frühe Untersuchungen der Circadianrhythmik 117
Erste Studien zum Morgentyp-Abendtyp-Problem 119
Persönlichkeitstypen und circadiane Rhythmen 120
Die Suche nach einer „basalen" Leistungskurve 122
Einflußfaktoren auf das Zeitmuster der Circadianrhythmik 123
Wiedererwachtes Interesse an Morgen- und Abendtypen 125
Ein einfacher Fragebogen zur Bestimmung des Morgen- und Abendtyps 126
Morgentyp und Abendtyp in Beziehung zu Introversion und Extraversion 131
Literatur 134

Einführungsreferat
Chronobiologische Grundlagen der Leistungsfähigkeit und Chronohygiene

G. Hildebrandt[*]

Institut für Arbeitsphysiologie und Rehabilitationsforschung der Universität Marburg/Lahn

Mit 15 Abbildungen

Das Thema des heutigen Tages „Arbeits- und Sozialmedizin" im Rahmen eines Kongresses über „Rhythmische Funktionen" läßt erkennen, daß die chronobiologischen Aspekte nicht nur die theoretische Biologie und die Medizin am Krankenbett befruchten, sondern auch bis in unser alltägliches Leben und an unseren Arbeitsplatz reichen. So viel ich sehe, zeichnen sich dabei vor allem zwei Problemkreise ab, die auch die Teilthematik der heutigen Vormittags- und Nachmittagssitzung bestimmt haben:

1. Die chronobiologischen Grundlagen der Leistungsfähigkeit und
2. Die Frage nach einer Chronohygiene, d. h. einer chronobiologisch begründeten allgemeinen Verhaltenshygiene und Prävention.

Damit wird also der ganze Spannungsbereich zwischen Leistung und Leistungsanforderung einerseits sowie Gesundheit und Gesundheitsschutz andererseits zum Gegenstand chronobiologischer Überlegungen.

1. Chronobiologische Grundlagen der Leistungsfähigkeit

Es ist schon seit langem bekannt, daß die Leistungsvoraussetzungen des Organismus den Spontanschwankungen der biologischen Rhythmen unterliegen. Diese Veränderungen sind aber bisher noch nicht systematisch in allen Organisationsschichten und in ihrer Wechselwirkung untersucht worden. Vor allem ist aber bisher kaum berücksichtigt, inwieweit auch die wichtigsten Voraussetzungen für die modernen Arbeitsbedingungen, nämlich Lern-, Übungs- und Anpassungsfähigkeit, von chronobiologischen Gegebenheiten abhängig sind.

Die tagesrhythmischen Voraussetzungen der Leistungsfähigkeit sind offenbar in erster Linie an die Schwankungen der psychischen Leistungsbereitschaft gebunden. Dadurch erklärt es sich, daß der Tagesgang des technischen Energiebedarfs einer Bevölkerung ein recht genaues Abbild der individuellen Vigilanzleistung ist. Abb. 1 zeigt den Tagesverlauf der Stromabgabe bei einem gro-

[*] Unter Mitarbeit von H. Strempel.

ßen regionalen Stromerzeuger im Vergleich zum Gang der akustischen Reaktionszeit gesunder Probanden sowie zu dem der physiologischen Leistungsbereitschaft, wie sie nach Graf (1955) aus der klassischen Fehlerhäufigkeitskurve von industriellen Schichtarbeitern nach Bjerner und Swensson (1953) beurteilt werden kann. Auch neuere Befunde, z. B. die über den Tagesgang des Physical Fitness Index von Östberg und Swensson (1974), lassen kaum einen Zweifel daran, daß der Tagesrhythmus der Vigilanz das Leistungsverhalten des Menschen maßgeblich bestimmt.

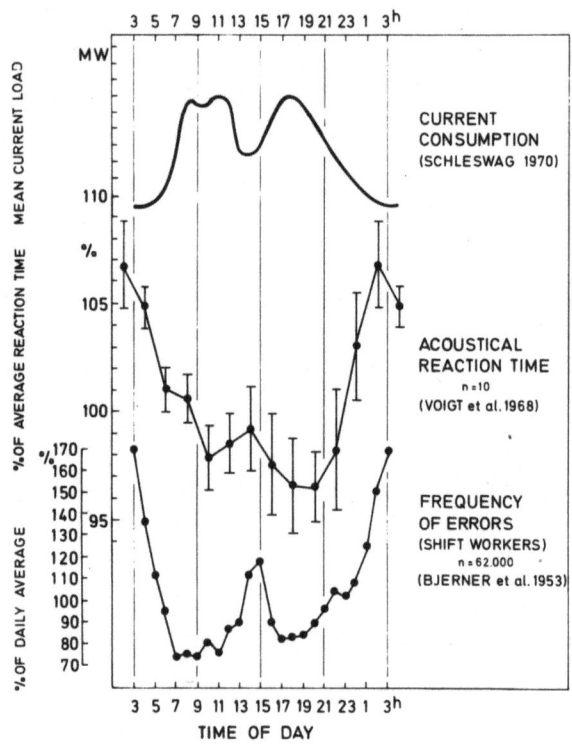

Abb. 1. *Oben:* Mittlerer Tagesgang der Stromabgabe eines großen regionalen Elektrizitätserzeugers im Winter 1970 (Schleswig-Holsteinische Stromversorgungs-AG, Schleswag, Rendsburg), *Mitte:* Mittlerer Tagesgang der akustischen Reaktionszeit von 10 gesunden Versuchspersonen bei 2stündlicher Kontrolle. Ordinate in Prozent der individuellen Tagesmittelwerte. (Nach Voigt u. Mitarb. 1968), *Unten:* Tagesgang der Häufigkeit von Fehlleistungen bei Schichtarbeitern der Industrie. (Nach Bjerner und Swensson 1953)

Überraschenderweise stimmen nun die Befunde verschiedener Autoren über den Tagesrhythmus der rein körperlichen Leistungsfähigkeit keineswegs damit überein. Zwar wurde von einigen Arbeitsgruppen gefunden, daß die direkt gemessene maximale Sauerstoffaufnahme nachts etwas niedriger liegt als am Tage (Wahlberg und Åstrand 1973; Wojtczak-Jaroszowa u. Mitarb. 1974; Ilmarinen u. Mitarb. 1975), wenn man aber Kreislaufparameter im submaximalen Belastungsbereich zur Bestimmung der Arbeitskapazität benutzt, erhält man ein völlig entgegengesetztes Ergebnis.

Als erste haben Voigt u. Mitarb. (1968) aus unserem Arbeitskreis gezeigt, daß die Physical Working Capacity für eine bestimmte Pulsfrequenz einen Tagesrhythmus mit einem signifikanten Maximum in der Nacht und dem Minimum am frühen Nachmittag durchläuft (Abb. 2, obere Kurve). Dieses Ergebnis wurde von anderen Autoren grundsätzlich bestätigt (Klein u. Mitarb. 1966; Wojtczak-Jaroszowa u. Mitarb. 1974; u. a.). Dieses nächtliche Maximum der

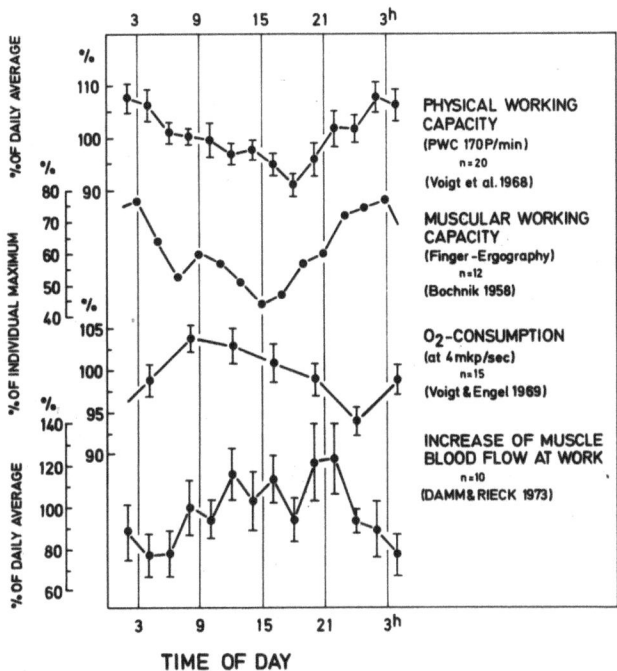

Abb. 2. Von oben nach unten: Mittlerer Tagesgang der Physical Working Capacity (PWC) für 170 Pulse/min von 20 gesunden Versuchspersonen bei 2stündlichen Kontrollen. (Nach Voigt u. Mitarb. 1968). Mittlerer Tagesgang der muskulären Arbeitskapazität am Fingerergographen von 12 Versuchspersonen bei 2stündlicher Kontrolle. (Nach Bochnik 1958). Mittlerer Tagesgang des Sauerstoffverbrauchs während ergometrischer Tretarbeit von 4 mkp/sec bei 15 gesunden Versuchspersonen. 4stündliche Kontrollen. (Nach Voigt und Engel 1969). Mittlerer Tagesgang der relativen Muskeldurchblutungszunahme bei gleichdosierter Muskelarbeit im Liegen. 10 gesunde Versuchspersonen, 2stündliche Kontrollen. (Nach Rieck und Damm 1973; vgl. auch Rieck und Kaspareit 1975)

Arbeitskapazität entspricht einem Maximum an funktioneller Ökonomie der autonomen Regulationen. Es betrifft nicht nur zentrale vegetative Funktionen, sondern auch die peripheren. Schon ältere Befunde von Bochnik (1958) zeigten, daß die muskuläre Ausdauerleistungsfähigkeit bei Arbeit am Fingerergographen einem tagesrhythmischen Gang mit einem Maximum in der Nacht unterworfen ist (Abb. 2, zweite Kurve).

Entsprechende Schwankungen des Sauerstoffverbrauchs bei gleichdosierter Arbeit wurden sowohl beim Menschen als auch im Tierversuch nachgewiesen, allerdings auch nur bis zu mittleren Belastungsstufen (Menzel 1955; Heusner

1956; Voigt und Engel 1969). Abb. 2 zeigt in der dritten Kurve als Beispiel den Tagesgang des Sauerstoffverbrauchs von 10 Probanden bei 40 Watt Ergometerarbeit, wobei das Optimum der Stoffwechselökonomie gleichfalls in der Nacht liegt. Schließlich sprechen auch die Untersuchungen über das Verhalten der Muskeldurchblutung bei dosierter Muskelarbeit für einen besonders sparsamen Kreislaufantrieb während der Nacht (Kaneko u. Mitarb. 1968). Herr Rieck (1975) wird selbst seine neuesten Befunde vortragen.

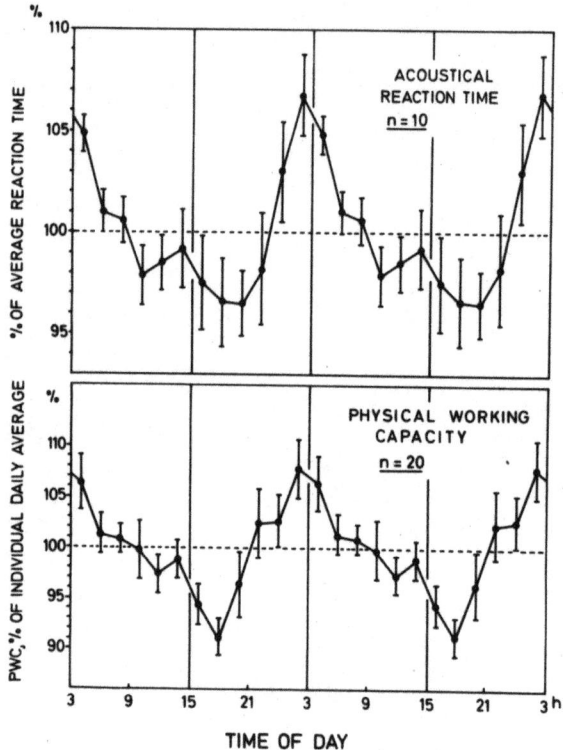

Abb. 3. Vergleich der mittleren Tagesgänge von akustischer Reaktionszeit gemäß Abb. 1 und Physical Working Capacity (PWC) für 170 Pulse/min gemäß Abb. 2. Der Korrelationskoeffizient für die Beziehung beider Kurven beträgt r = 0,866 (p < 0,001). (Nach Voigt u. Mitarb. 1968)

Vergleicht man nun den Tagesrhythmus der körperlichen Leistungsfähigkeit mit dem der Vigilanzfunktionen (Abb. 3), beurteilt an der akustischen Reaktionszeit, so zeigt sich, daß dieses nächtliche Maximum an Ökonomie sorgfältig vor Ausbeutung geschützt wird, indem gleichzeitig die Vigilanz, d. h. die psychische Leistungsbereitschaft in diesem Bereich minimal ist (r = 0,866). Diese Phasenbeziehung stellt die fundamentale Voraussetzung für die nächtliche Erholung und Regeneration dar, und man kann sich leicht vorstellen, daß ihre willkürliche Störung durch Nacht- und Schichtarbeit die Erholungsbedingungen entscheidend verschlechtert (vgl. Hildebrandt und Strempel 1975).

In jüngster Zeit haben wir in unserem Arbeitskreis erste Anhalte dafür ge-

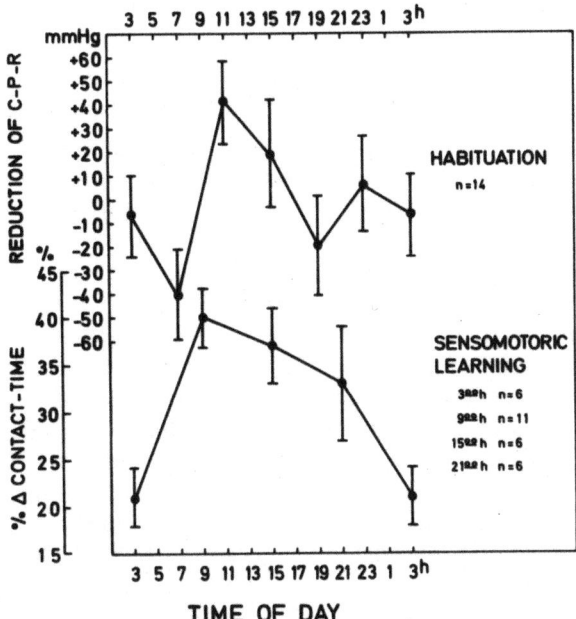

Abb. 4. *Obere Kurve:* Mittlerer Tagesgang der Kältereizhabituation, gemessen an der Regression des Rückgangs der Cold-Pressure-Reaktion (CPR) des diastolischen Blutdrucks im Laufe von je 7 Expositionen. (Nach Daten von Baumgart 1975; aus Hildebrandt und Strempel 1975). *Untere Kurve:* Mittlerer Lernerfolg nach 5maligem Üben am Pursuit-Rotor-Apparatus für jeweils 1 min in 4 Probandengruppen, die zu verschiedenen Tageszeiten getestet wurden. Der Lernerfolg ist an der Steigerung der Kontaktzeit gemessen. (Nach Hildebrandt und Strempel 1975)

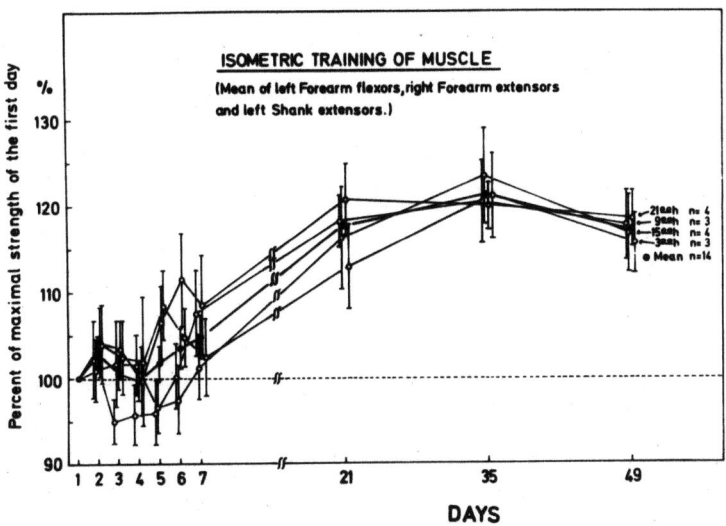

Abb. 5. Mittlerer Verlauf der durchschnittlichen maximalen Muskelkraft von 3 verschiedenen Muskelgruppen in 4 Probandengruppen, die an 7 aufeinander folgenden Tagen zu verschiedenen Tageszeiten isometrisch trainiert und weiterhin in 14tägigen Abständen kontrolliert wurden. (Nach Daten von Rieck u. Mitarb. 1975)

wonnen, daß nicht nur die Leistungsfähigkeit, sondern auch die Lern- und Anpassungsfähigkeit vom biologischen Tagesrhythmus beeinflußt wird, und zwar gilt dies besonders für die kurzfristigen Adaptationsprozesse. Abb. 4 zeigt in der oberen Kurve den mittleren Tagesverlauf der sogenannten Habituation (Glaser 1968) an wiederholtes 1minütiges Eintauchen einer Hand in kaltes Wasser von 4° C, gemessen am Rückgang der diastolischen Blutdruckreaktion. Das Maximum an Habituationsfähigkeit wurde am Vormittag beobachtet, während nachts und am frühen Morgen praktisch kein Habituationserfolg eintrat.

In der unteren Kurve der Abb. 4 ist die Größe des Lernerfolges beim sensomotorischen Lernen im Pursuit-Rotor-Tracking-Test für vier Probandengruppen aufgezeichnet, die zu verschiedenen Tageszeiten je 5mal 1 min lang geübt hatten. Auch hier ist der Anpassungserfolg, gemessen am Anstieg der elektrischen Kontaktzeiten, am Vormittag signifikant am größten. Die prinzipielle Übereinstimmung beider Kurven läßt vermuten, daß verschiedene Formen von Kurzzeitadaptation über denselben Mechanismus vom Tagesrhythmus abhängen, wahrscheinlich über die Schwankungen der sympathischen Reagibilität, von der wir auch aus anderen Untersuchungen wissen, daß sie am späten Vormittag ihr Maximum durchläuft (Hildebrandt 1974; Cabanac u. Mitarb. 1975; Strempel 1976).

Interessant ist nun, daß im Gegensatz zu den Kurzzeitadaptationen die langfristigen Adaptationsprozesse nicht von der Tagesrhythmik beeinflußt werden. Weder bei langfristigen Habituationsversuchen mit dem Cold-Pressure-Test, wie sie von Strempel und Hildebrandt (1975) durchgeführt wurden, noch bei den mehrwöchigen sensomotorischen Lernversuchen von Rieck (1975) wurden sichere Unterschiede zwischen den Gruppen gefunden, die zu vier verschiedenen Tageszeiten exponiert waren (vgl. Hildebrandt und Strempel 1975). Schließlich war auch der Erfolg eines 7tägigen isometrischen Muskeltrainings in den Versuchen von Rieck (1975) nicht von der Tageszeit des Trainings abhängig (Abb. 5).

Während unsere heutigen Kenntnisse über den Einfluß des Tagesrhythmus auf die Leistungsvoraussetzungen des Menschen schon eine Reihe ganz konkreter praktischer Fragestellungen zulassen, bestehen hinsichtlich der Bedeutung von Menstruationsrhythmus und Jahresrhythmus noch erhebliche Unsicherheiten.

Beim *Menstruationsrhythmus* werden die Untersuchungen durch erhebliche individuelle Unterschiede in der Phasenlage der Leistungsschwankungen kompliziert. Für diese sind konstitutionelle Einflüsse verantwortlich gemacht worden (Martius 1973). Wir haben in Untersuchungen mit Witzenrath (1969) aber zeigen können (Abb. 6), daß z. B. die Phasenlage der Reaktionszeitänderungen im Zyklus wie die der Pulsfrequenz systematisch von der individuellen Zyklusdauer abhängt. Bei kurzen Zyklen liegt das Reaktionsoptimum am Ende der Follikelphase, bei langen Zyklen an deren Anfang. Engel (1970) hat auch am Blutdruckverhalten im Zyklus unsere Schlußfolgerung bestätigt, daß am Menstruationszyklus ein multioszillatorisches System beteiligt ist, dessen Phasenordnung durch Frequenzunterschiede zwischen den Teilsystemen bestimmt wird.

Noch komplizierter sind vermutlich die chronobiologischen Grundlagen für die *jahresrhythmischen Schwankungen* der Leistungsfähigkeit, und zwar vor allem deswegen, weil die biologischen Rhythmen hier zusätzlich durch adaptive Reaktionen des Organismus beeinflußt werden.

Der Jahresgang der Reaktionszeit ist gut untersucht (Abb. 7, obere Kurve) und zeigt ein Optimum der Vigilanzleistung im August–September, das Minimum während der ersten Monate des Jahres (Daubert 1968). Die kürzlich mit

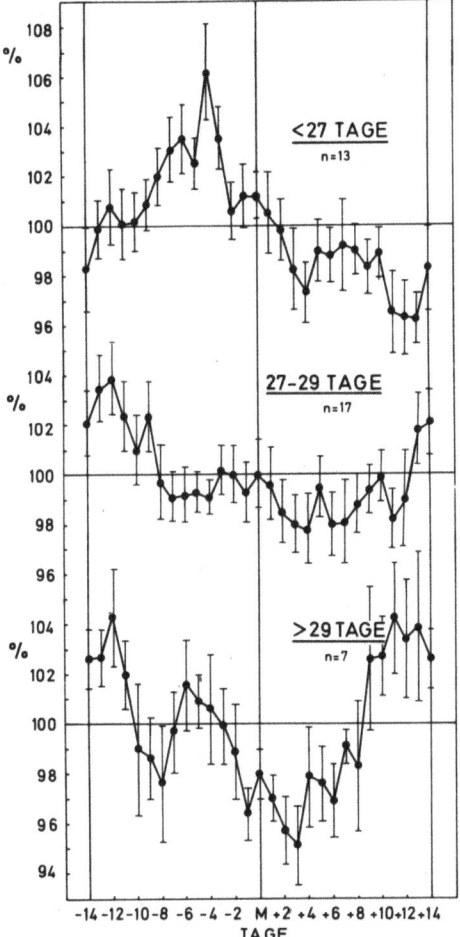

Abb. 6. Mittlerer Verlauf der Reaktionszeit im Menstruationszyklus in 3 Gruppen mit unterschiedlicher Zyklusdauer. Synchronisation über dem Tag des Menstruationsbeginns *(M)*. (Nach Hildebrandt und Witzenrath 1969)

Rohmert und Rutenfranz (1973) bei umfangreichen Untersuchungen an Lokomotivführern gefundene Häufigkeitskurve von Fehlleistungen (untere Kurve) zeigt allerdings eher einen entgegengesetzten Jahresgang und weist darauf hin, daß bei Vigilanzdauerleistungen, wie z. B. beim Führen einer Lokomotive, ganz andere Faktoren hinzukommen, wie z. B. das Ermüdungs- und Erholungsverhalten. Ákos und Ákos (1973) haben die Änderungen der Flimmerverschmelzungsfrequenz bei längerer Prüfung als Indikator der zentralnervösen Belastungstoleranz untersucht und gleichfalls einen ausgeprägten Jahresgang festgestellt, der eher gleichsinnig zum Jahresgang der kurzfristigen Vigilanzleistung verlief (mittlere Kurve).

Diese Diskrepanzen zeigen vor allem, daß der Zeitfaktor bei der Definition der Leistungsfähigkeit immer wichtiger wird, je längere rhythmische Schwankungen untersucht werden. Hier tritt die Frage der Adaptationsfähigkeit und ihrer Schwankungen ganz in den Vordergrund. Jahresrhythmische Änderungen von Adaptationsleistungen sind aber bisher leider nur spärlich untersucht worden.

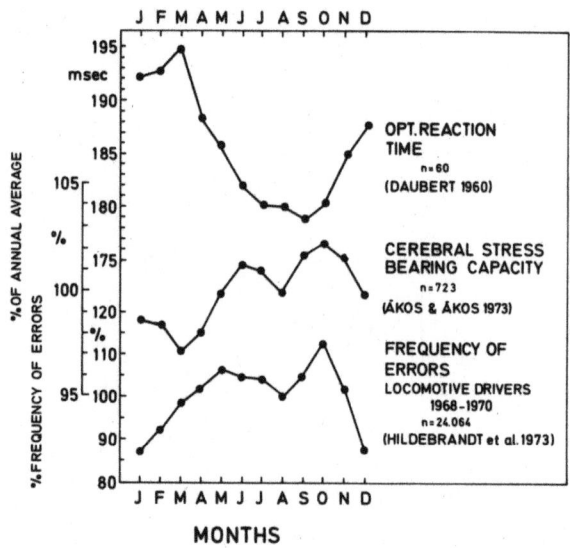

Abb. 7. *Oben:* Mittlerer Tagesgang der optischen Reaktionszeit aus 20.336 Messungen an 6 Versuchspersonen während 10jähriger Beobachtungsreihen. (Nach Daubert 1968). *Mitte:* Mittlerer Jahresgang der psychochronographisch gemessenen zentralnervösen Belastungstoleranz. Ergebnisse von 723 Probanden. (Nach Ákos und Ákos 1973). *Unten:* Mittlerer Jahresgang der relativen Häufigkeit von Zwangsbremsungen infolge Nichtbedienens der sog. Wachsamkeitstaste durch Triebfahrzeugführer der Deutschen Bundesbahn. (Nach Hildebrandt u. Mitarb. 1973)

Bekannt war seit langem lediglich, daß der Erfolg des isometrischen Muskelkrafttrainings einen systematischen Jahresgang zeigt (Abb. 8, obere Kurve); Maxima liegen im Spätfrühjahr und Herbst, das Hauptminimum während der Wintermonate. Es ist nicht geklärt, inwieweit die wechselnde Ultraviolettbestrahlung für diesen Jahresgang mitverantwortlich ist. (Lit.-Übersicht s. Seidl 1968). Kürzlich hat Baier (1972) aus unserem Arbeitskreis Befunde erhoben, die auch für jahresrhythmische Schwankungen der Ausdauer-Trainierbarkeit sprechen. Bei Patienten, die 4wöchige Trainingsbehandlungen durchführten, war der Zuwachs an körperlicher Leistungsfähigkeit, gemessen an der Arbeitskapazität für 130 Pulse/min, gleichfalls in den ersten Monaten des Jahres minimal und zeigte zwei Maxima, das erste im Frühjahr, das zweite im Spätherbst (untere Kurve). (Vgl. dazu auch Klinker und Landmann 1970.)

Diese wenigen Beispiele mögen genügen, um aufzuzeigen, daß die chronobiologischen Grundlagen der Leistungsfähigkeit außerordentlich vielschichtig sind und daß zahlreiche praktisch bedeutsame Fragen offen stehen. Sie zeigen darüber hinaus, daß die Schwankungen der biologischen Leistungsbedingungen bei verschiedenen Rhythmen ganz unterschiedlicher Natur sein können, so daß die Chronobiologie der Leistungsfähigkeit für das ganze Spektrum der Rhythmen differenziert werden muß.

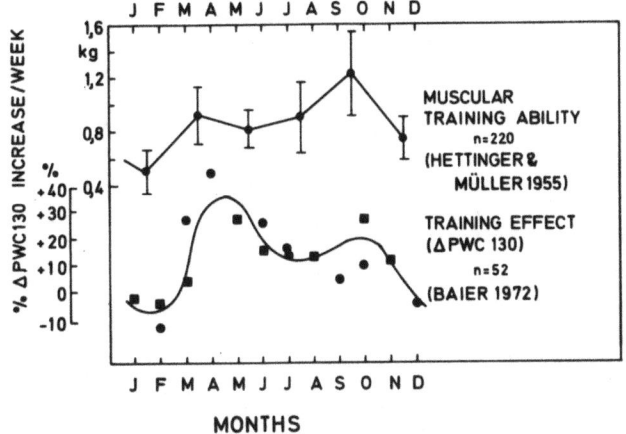

Abb. 8. *Oben:* Mittlerer Jahresgang der Trainierbarkeit beim isometrischen Muskelkrafttraining. (Nach Hettinger und Müller 1955). *Unten:* Jahresgang der Änderung der körperlichen Leistungsfähigkeit (PWC 130) während 4wöchiger aktivierender Kurbehandlung. Monatlich zusammengefaßte Mittelwerte aus 2 aufeinander folgenden Jahren. (Nach Daten von Baier 1972)

2. Chronohygiene

Diese Forderung gilt nun auch ganz besonders für die Fragen der *Chronohygiene*.

Wenn man das Gesamtspektrum der rhythmischen Funktionen des Menschen betrachtet (Abb. 9), ist abzulesen, daß das Ziel einer Hygiene des zeitlichen Verhaltens, die chronobiologisch definierte Gesundheit, mindestens zwei Aspekte berücksichtigen muß: Mit dem langwelligen Teil des Spektrums sind die Funktionen des Gesamtorganismus durch Synchronisation in die Zeitordnung der geophysikalischen und kosmischen Umwelt eingegliedert. Gesundheit ist hier durch die richtige zeitliche Einordnung in das äußere Zeitgeberregime von Tages- und Jahresrhythmus gekennzeichnet.

Im kurzwelligen Teil des Spektrums ist die Zeitstruktur der Funktionen eine rein endogene Ordnung. Hier unterhalten Rhythmen von unterschiedlicher Frequenz direkte Wechselbeziehungen, die zu einer Koordination von Frequenz und Phase führen. Abb. 10 zeigt als Beispiel empirisch gewonnene

Häufigkeitsverteilungen der Frequenz bzw. Periodendauer verschiedener Kreislauf- und Atmungsrhythmen. Die Häufigkeiten sind von beiden Seiten zur Mitte hin aufgetragen. Alle Häufigkeitsgipfel, d. h. alle Frequenznormen stehen untereinander bevorzugt in einfachen ganzzahligen Frequenzbeziehungen. Gesundheit ist in diesem Bereich also durch eine harmonische Frequenz- und Phasenordnung der Rhythmen charakterisiert.

Die harmonische Ordnung stellt allerdings einen Idealzustand dar, der nur unter trophotropen Bedingungen und speziell während des Schlafes strenger verwirklicht wird. Wie Abb. 11 zeigt, erreicht z. B. das Frequenzverhältnis

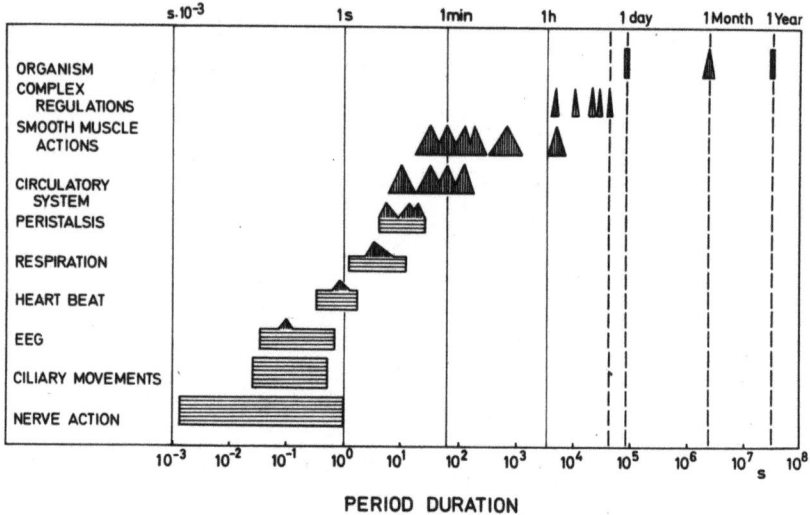

Abb. 9. Gesamtspektrum der Periodendauer rhythmischer Funktionen beim Menschen. Horizontal schraffierte Felder: Bereich der Frequenzänderung bei Funktionsbeanspruchung. Vertikal schraffierte Dreiecke: statistische Frequenzvariabilität in Ruhe. (Nach Hildebrandt 1967)

von Herz- und Atemrhythmus, das am Tage sehr breit variiert, während des Nachtschlafes bei allen Probanden die normale ganzzahlige Beziehung von 4 : 1, und zwar unabhängig von dem individuell unterschiedlichen Pulsfrequenzniveau. Im Schlaf erreicht auch die Phasenkopplung der Rhythmen ein Maximum (Lit.-Übersicht s. Hildebrandt 1967).

Durch Aktivität und Funktionsbeanspruchung wird diese Koordination der Rhythmen leicht gestört und muß in der Erholung immer wieder aufgebaut werden. Die innere Zeitstruktur des Organismus befindet sich also in einem labilen Gleichgewichtszustand zwischen Leistung und harmonischer Ordnung.

Gesundheit ist also vom chronobiologischen Standpunkt nicht nur durch die richtige zeitliche Eingliederung in die Umweltordnung charakterisiert, sondern auch durch ein harmonisches Gleichgewicht der inneren Zeitstrukturen. Dieser zweite Gesichtspunkt ist bisher viel zu wenig berücksichtigt worden, obwohl hier durchaus exakt meßbare Kriterien zugänglich sind. Dies gilt insbesondere für das sozusagen klassische Problem der Chronohygiene, nämlich für die Beurteilung der Nacht- und Schichtarbeit.

Die Störungen der biologischen Zeitstruktur beim Nachtarbeiter betreffen nämlich keineswegs allein das circadiane System, sondern lassen sich nach den Erfahrungen unseres Arbeitskreises auch an der Koordination der schnellen Rhythmen nachweisen. Pöllmann (1975) (vgl. auch Engel u. Mitarb. 1970) hat z. B. einen Versuch mit Nachtarbeit über 15 Tage durchgeführt und dabei

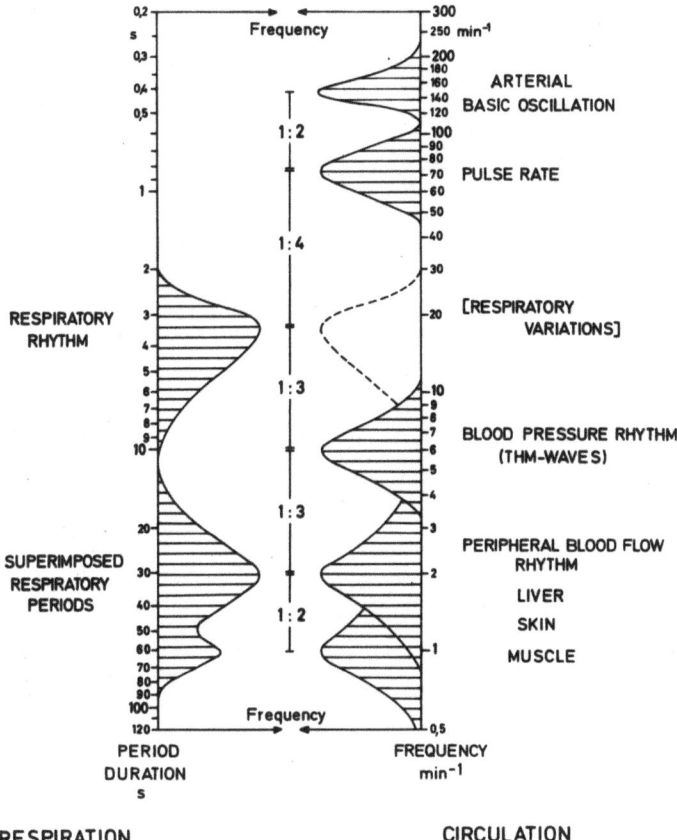

Abb. 10. Häufigkeitsverteilung der Frequenz und Periodendauer verschiedener Atmungs- und Kreislaufrhythmen bei größeren Personengruppen. Die Häufigkeiten sind jeweils relativ zur Mitte hin aufgetragen. (Nach Hildebrandt 1967)

während der Schlafzeiten das Puls-Atem-Frequenzverhältnis fortlaufend registriert. Es wurde schon gezeigt, daß sich dieser Quotient normalerweise während der letzten Schlafstunden auf die ganzzahlige Norm von 4 : 1 einstellt. Abb. 12 (oben) zeigt den Verlauf des mittleren Puls-Atem-Quotienten während der beiden letzten Schlafstunden. Auch nach Umkehr der Lebensweise bleibt das Frequenzverhältnis zunächst auch im Tagschlaf normal. Nach etwa einer Woche jedoch kommt es zu einer fortschreitenden signifikanten Abwei-

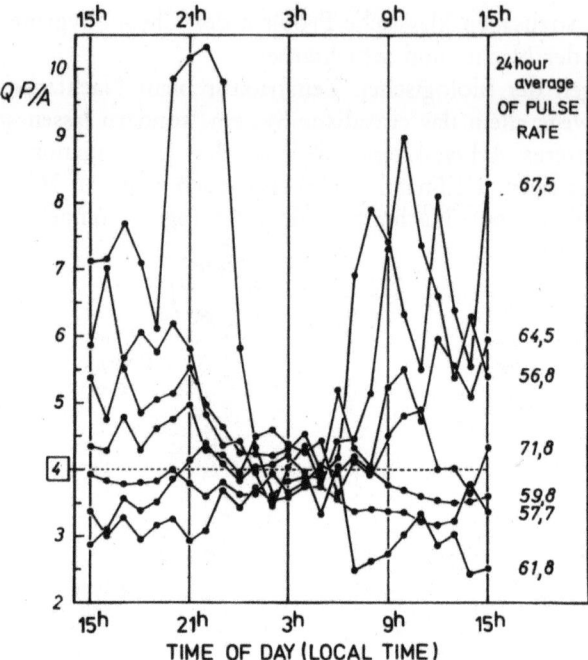

Abb. 11. Tagesgänge des Puls-Atem-Quotienten bei verschiedenen Pulsfrequenzlagen (24-Stunden-Mittel) mit nächtlicher Normalisierung. Gesunde Versuchspersonen bei Bettruhe und gleichmäßig verteilter Nahrungsaufnahme. (Nach Hildebrandt 1961)

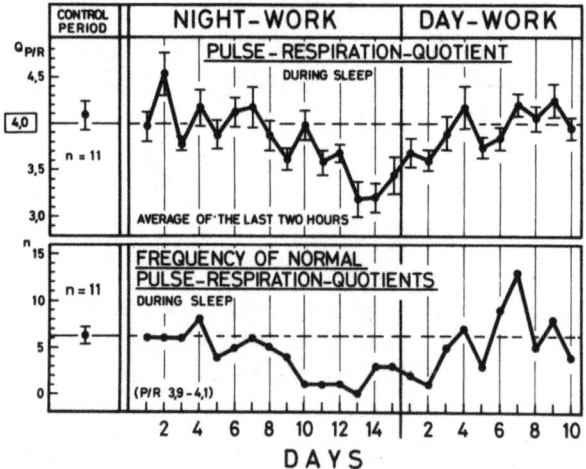

Abb. 12. *Oben:* Mittlerer Verlauf der 15minütlich bestimmten Puls-Atem-Quotienten in den letzten beiden Schlafstunden während einer 15tägigen Umkehr der Lebensweise und nachfolgender Rückkehr zu normaler Lebensweise. Die Klammern bezeichnen den Bereich des mittleren Fehlers der Mittelwerte. *Unten:* Häufigkeit normaler, d. h. zwischen 3,9 und 4,1 liegender Puls-Atem-Quotienten bei 15minütlicher Messung während der gesamten Schlafdauer im selben Versuch. (Nach Pöllmann 1975)

chung nach unten; und nach Rückkehr zu normaler Lebensweise dauert es wiederum mehrere Tage, bis die Normalisierung wieder eintritt. Bei ¼stündlicher Kontrolle der Werte findet man normalerweise etwa 8mal pro Nacht einen normalen Quotientwert zwischen 3,9 und 4,1. Diese Häufigkeit fiel bei der Nachtarbeit auf Null ab (untere Kurve).

Die hier durchgeführte Untersuchung der Frequenzkoordination kurzwelliger Rhythmen, die auch durch Messung der Phasenkoordination ergänzt werden kann, ist nach unseren Erfahrungen ein sehr geeigneter Parameter zur Be-

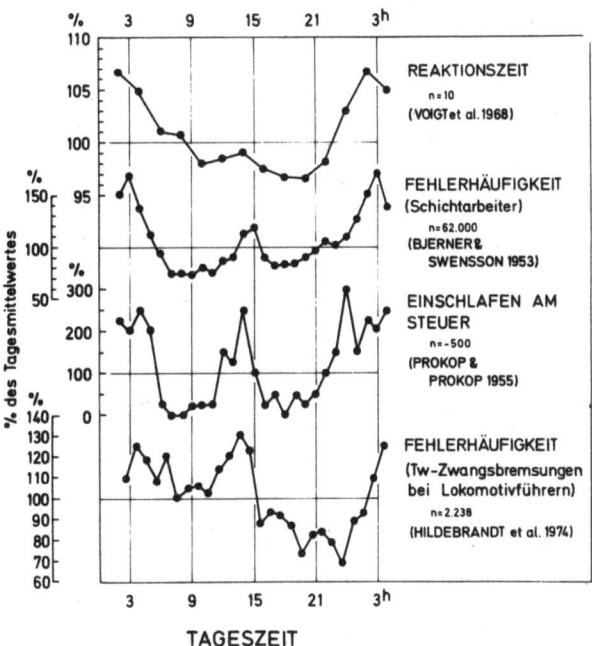

Abb. 13. Mittlerer Tagesgang der akustischen Reaktionszeit (nach Voigt u. Mitarb. 1968), der Fehlerhäufigkeit bei industriellen Schichtarbeitern (nach Bjerner und Swensson 1953), der relativen Häufigkeit von Unfällen durch Einschlafen am Steuer eines Kraftwagens (nach Prokop und Prokop 1955) sowie der relativen Häufigkeit von Fehlleistungen (Tw-Zwangsbremsungen) bei Lokomotivführern der Deutschen Bundesbahn. (Nach Hildebrandt u. Mitarb. 1974). Nähere Erläuterungen im Text

urteilung manifester innerer Zeitstrukturstörungen. Dies gilt besonders für Untersuchungen während des Nachtschlafes, weil hier die reaktiven Störungen durch die Tagbelastungen mehr oder weniger ausgeglichen werden.

Die Erkennung reaktiver Veränderungen der Zeitstruktur und die Unterscheidung solcher meist periodischen Reaktionsanteile von den spontanrhythmischen Vorgängen stellt überhaupt ein besonders wichtiges Problem der chronobiologischen Beurteilung dar. Menzel (1955) ist wohl der erste gewesen, der darauf hingewiesen hat, daß der Organismus auf reaktive Belastungen mit sprunghaften Frequenzmultiplikationen seiner Rhythmen antwortet. So fand sich z. B. bei schlafgestörten Patienten eine Überlagerung der 24stündigen Periodik der Körperfunktionen mit einer 12stündigen Periodik.

Auch nach unseren Erfahrungen wirken sich unregelmäßige Lebensweise und ungenügende Erholungsbedingungen in dieser Weise modifizierend auf die circadiane Struktur aus. Abb. 13 (oben) zeigt zunächst wieder den normalen Tagesgang der Reaktionszeit bei gesunden ausgeschlafenen Versuchspersonen. Es dominiert der 24-Stunden-Rhythmus mit dem Leistungsoptimum am Vormittag und frühen Abend mit einer nur angedeuteten Mittagssenke dazwischen. Die zweite Kurve zeigt nochmals den Tagesgang der Fehlerhäufigkeit von Bjerner und Swensson (1953), der an Schichtarbeitern der Industrie erhoben wurde. Dieser hat neben dem normalen nächtlichen Maximum schon ein deutlicheres Nebenmaximum am frühen Nachmittag, das auf die Beteiligung einer 12stündigen Periode zurückgeführt werden muß. Wenn das Erholungsdefizit so groß wird, daß man selbst am Steuer des Kraftfahrzeuges einschläft, ist nach den Erhebungen von Prokop und Prokop (1955) das zusätzliche Mittagsmaximum der Fehlleistungen bereits ähnlich groß wie das nächtliche Maximum. Bei Lokomotivführern, die einen völlig unregelmäßigen Wechselschichtdienst unter erschwerten Bedingungen ausführen, ist das Erholungsdefizit schließlich so groß, daß das Mittagsmaximum der Fehlleistungen bereits das nächtliche Maximum übertrifft (Hildebrandt u. Mitarb. 1974).

Die Ausbildung solcher reaktiv ausgelösten Modifikationen im Frequenzspektrum und insbesondere die Überlagerung des Tagesgangs mit „ultradianen" Perioden, die im Laufe des Tages mehr oder weniger gedämpft ausklingen, erschwert insbesondere die Beurteilung von Phasenverschiebungen des circadianen Systems, die ja bei der Untersuchung von Auswirkungen der Nacht- und Schichtarbeit von besonderem Interesse sind.

Abb. 14 zeigt als Beispiel den klassischen Vergleich der Auswirkungen einer Umkehr des Tagesrhythmus von Aktivität und Belichtung auf den Tagesgang der Körpertemperatur beim Affen und beim Menschen. Während der Befund der Umsynchronisation beim Affen eindeutig ist, tritt stattdessen beim Menschen eine 12stündige Periodik auf, die eine Entscheidung unmöglich macht, ob das Maximum der Circadianrhythmik verschoben ist oder nicht.

Hinzukommt, daß die Neigung der verschiedenen Funktionen, mit der Ausbildung von reaktiv-periodischen Überlagerungen zu antworten, unterschiedlich groß ist. Schon Lewis und Lobban (1957) hatten bei ihren Spitzbergen-Untersuchungen mit aufgezwungener Tagesverlängerung und -verkürzung gefunden, daß sich eine Skala von Funktionen aufstellen läßt, die mehr oder weniger leicht auf Störungen reagieren oder in ihrem 24-Stunden-Rhythmus stabil sind.

So ist es insgesamt verständlich, daß die Frage, ob es beim Nachtarbeiter zu einer Umsynchronisation des circadianen Systems kommen kann, uneinheitlich beantwortet wird.

Erst in jüngster Zeit ist stärker beachtet worden, daß hierbei auch interindividuelle Unterschiede eine wichtige Rolle spielen, und zwar Unterschiede, die nach unseren Erfahrungen wiederum die reaktiven Eigenschaften der individuellen Zeitstruktur betreffen. Abb. 15 (oben) zeigt mittlere Tagesgänge der Ruhepulsfrequenz von gesunden Probanden, die bei gleichmäßig verteilter Kost

Bettruhe einhielten, aufgeteilt in vier Gruppen, die sich durch die Größe des Puls-Atem-Frequenzverhältnisses unterscheiden. Wir wissen aus zahlreichen Untersuchungen, auch von anderen Autoren, daß die Größe des Puls-Atem-Quotienten von der vegetativen Reaktionslage abhängig ist. Ergotrop eingestellte Individuen mit erhöhter Reagibilität haben einen über 4 gesteigerten Quotientwert, bei trophotropen Personen mit gedämpfter Reaktionsbereitschaft liegt der Quotient unter der Norm 4 (Lit.-Übersicht s. Hildebrandt 1967; Hildebrandt und Ishag George 1973).

Es bestehen nun deutliche Unterschiede in der reaktiv-periodischen Überlagerung des Tagesrhythmus der Pulsfrequenz. Bei ergotroper Reaktionslage mit

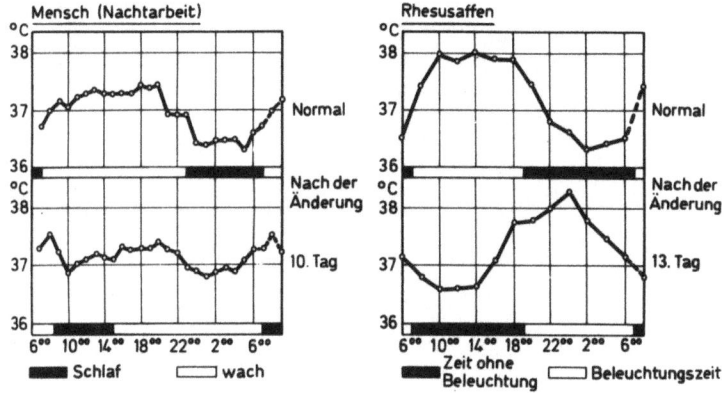

Abb. 14. Verhalten der Körpertemperatur bei menschlicher Nachtarbeit (links) und Änderung des Beleuchtungsregimes bei einem Rhesusaffen (rechts). (Nach Rutenfranz 1967)

erhöhtem Puls-Atem-Quotienten führt die am Morgen ausgelöste Aktivierungsreaktion bereits am Vormittag zum absoluten Maximum der Pulsfrequenz, während die nachfolgende ultradiane Periodik schnell gedämpft ausklingt. Bei mehr trophotroper Reaktionslage mit niedrigem Quotientwert wird die morgendliche Aktivierung zunächst nur schwach beantwortet, so daß es erst im Laufe einer aufschwingenden Reaktion in der zweiten Tageshälfte zum Maximum der Pulsfrequenz kommt. Die mittleren Gruppen zeigen Übergangsformen zwischen diesen beiden Reaktionsweisen.

Der Einfluß der individuellen vegetativen Reaktionslage zeigt sich aber nicht nur im Tagesmuster der ultradianen Reaktionsperiodik, sondern betrifft auch die Phasenlage des Circadianrhythmus. Schon in Abb. 15 ist zu erkennen, daß der Zeitpunkt des nächtlichen Minimums der Ruhepulsfrequenz (Pfeile) bei trophotroper Einstellung mit niedrigerem Puls-Atem-Quotienten eine Tendenz zur Verspätung zeigt.

Neueste Nachprüfungen dieses Befundes, die Zerm und Bestehorn (1975) bei Schülern eines Internats unter normalen Lebensbedingungen durchgeführt haben, konnten dieses Ergebnis bestätigen. Wie Abb. 15 (unten) zeigt, tritt auch hier in den Gruppen mit erhöhtem Puls-Atem-Quotienten das nächtliche Minimum der Ruhepulsfrequenz früher ein, wobei zugleich die morgendliche

Aktivierungsreaktion maximal ist. Die trophotropen Teilgruppen zeigten dagegen bei aufschwingender Reaktionsweise ein später liegendes Pulsminimum.

Diese Ergebnisse belegen, daß die individuellen vegetativen Reaktionsunterschiede auch das Verhalten gegenüber den Zeitgeberreizen beeinflussen und dadurch das gesamte circadiane System in seiner Phasenlage mitbestimmen. Damit wird aber die Berücksichtigung der individuellen reaktiven Eigenschaften zu einem wichtigen Instrument der chronohygienischen Betreuung und Auswahl der Nacht- und Schichtarbeiter.

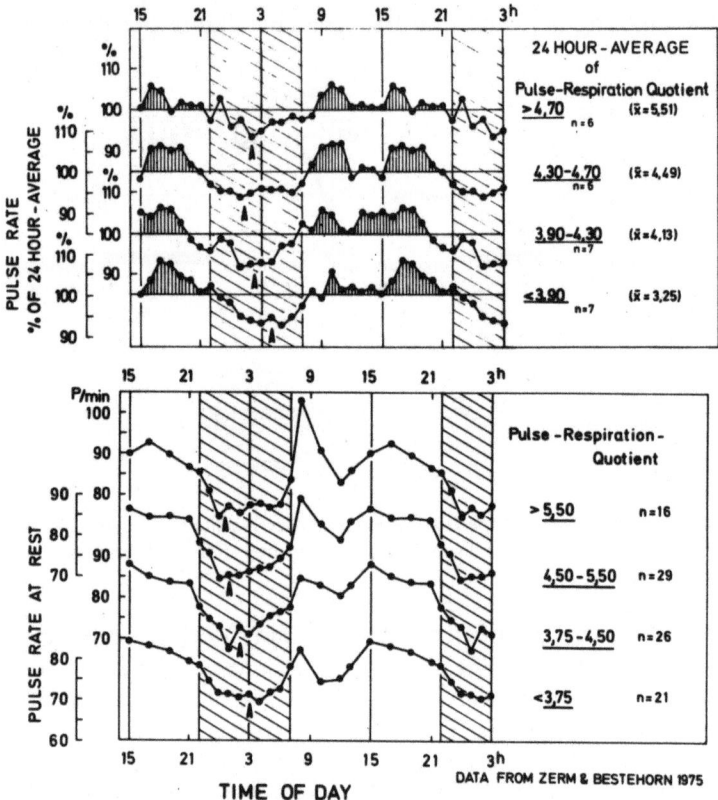

Abb. 15. *Oben:* Mittlerer Tagesgang der Ruhepulsfrequenz in 4 Gruppen gesunder Versuchspersonen mit unterschiedlicher Höhe des Puls-Atem-Quotienten (24-Stunden-Mittelwert). (Nach Hildebrandt 1975). *Unten:* Mittlerer Tagesgang der Pulsfrequenz in 4 Gruppen von Schülern mit unterschiedlicher Höhe des Puls-Atem-Quotienten bei normaler Lebensweise in einem Internat. (Nach Daten von Zerm und Bestehorn 1975)

Seitdem durch die Untersuchungen von Patkai (1970), Östberg (1973) und anderen bekannt ist, daß Unverträglichkeit von Nacht- und Schichtarbeit hauptsächlich Personen vom sogenannten Morgentyp betrifft, während Abendmenschen weniger Schwierigkeiten in der Umstellung ihrer Lebensweise kennen, ist die Phasenlage der Circadianrhythmik ein praktisch wichtiger Indikator der präventiven Chronohygiene geworden. Grundlage des Morgentyps mit frühem Maximum der Leistungsfähigkeit und schneller abendlicher Ermüdung ist ja eine entsprechend frühere Phasenlage der Circadianrhythmik, und umgekehrt für den Abendtyp, wobei bekanntlich Unterschiede in der Spontanfrequenz des circadianen Systems für die Phasendifferenzen verantwortlich gemacht werden (Hoffmann 1963; Aschoff 1965, 1967).

In Weiterführung unserer Erfahrungen über die Beziehungen des Puls-Atem-Quotienten zur Phasenlage der Tagesrhythmik haben wir nun auch geprüft, inwieweit Beziehungen zwischen dem Quotienten und den subjektiven Verhaltenskriterien des Morgen- und Abendtyps bestehen. Wir benutzten dazu den von Horne und Östberg (1974) eingeführten Fragebogen, der kürzlich von Jovonovich u. Mitarb. (1975) einer Faktorenanalyse unterzogen wurde, in einer modifizierten deutschen Fassung. In einer Gruppe von 40 Personen im Alter zwischen 20 und 30 Jahren fanden wir eine signifikante Korrelation zwischen Puls-Atem-Quotient und Typenindexzahl in der erwarteten Richtung, d. h. mit steigendem Puls-Atem-Quotienten eine zunehmende Ausprägung von Morgentypen und umgekehrt.

Nachdem Baumgart und Strempel (1975) auch für andere objektive Funktionsgrößen eindeutige Beziehungen zwischen Phasenlage der Circadianrhythmik und Puls-Atem-Quotient feststellen konnten, haben wir keinen Zweifel daran, daß die Bestimmung der vegetativen Reaktionslage mit diesem Indikator ein praktisch wichtiges Verfahren der Chronohygiene des Nacht- und Schichtarbeiters werden könnte.

Es ist bemerkenswert, daß dieser Indikator wiederum die innere Koordination kurzwelliger Rhythmen betrifft und somit den Ordnungszustand der gesamten Zeitstruktur des Organismus einbezieht. Der Schutz der chronobiologisch begründeten Gesundheit verlangt eben – wie hier nochmals betont werden muß – nicht nur die Berücksichtigung der äußeren Eingliederung in die Umweltperiodik, sondern eine Orientierung an der gesamten rhythmischen Funktionsordnung des Menschen, die auch deren reaktives Verhalten miteinbezieht.

Literatur

Ákos, K., Ákos, M. (1973): Pseudo-seasonal rhythm of human cerebral stress bearing capacity in the psychochronographic (PCG) test. Acta Med. Acad. Scientiarum Hungaricae 30, 127–137.

Aschoff, J. (1965): The phase-angle difference in circadian periodicity. In: Aschoff, J. (Edit.): Circadian Clocks, pp. 262–276. Basel–New York: S. Karger.

Aschoff, J. (1967): Human circadian rhythms in activity, body temperature, and other functions. Life Sciences and Space Res. Amsterdam: North-Holland.

Baier, H. (1972): Über die Objektivierbarkeit des Kureffekts und der reaktiven Kurperiodik bei der aktivierenden Kurbehandlung (Kneippkur). Zentr. arch. Physiother. II, 23–43.

Baumgart, E., Strempel, H. (1975): (in Vorbereitung).

Bjerner, B., Swensson, A. (1953): Schichtarbeit und Rhythmus. Verh. 3. Konf. Int. Ges. f. Biol. Rhythmusforschung. Acta med. Scand., Suppl. 278, 102–107.

Bochnik, H. J. (1958): Tagesschwankungen der muskulären Leistungsfähigkeit. Dtsch. Z. Nervenheilk. 178, 270–275.

Cabanac, M., Hildebrandt, G., Massonnet, B., Strempel, H. (1975): Behavioural study of the nycthemeral cycle of temperature regulation in man. J. Physiol. (London) (im Druck).

Daubert, K. (1968): Das kausale Problem der Wetterfühligkeit. Heilkunst 81, 2–10.

Engel, P. (1970): Über Schwankungen der morgendlichen Aufwachwerte des Blutdrucks im Menstruationszyklus. Ein Beitrag zur Selbstkontrolle des Blutdrucks. Med. Welt 21, 496–501.

Glaser, E. M. (1968): Die physiologischen Grundlagen der Gewöhnung. Stuttgart: Thieme.

Graf, O. (1955): Erforschung der geistigen Ermüdung und nervösen Belastung: Studien über die vegetative 24-Stunden-Rhythmik in Ruhe und unter Belastung. Forsch.-Ber. d. Wirtschafts- u. Verkehrsministeriums Nordrh.-Westf., Nr. 113. Köln/Opladen: Westdeutscher Verlag.

Hettinger, Th., Müller, E. A. (1955): Die Trainierbarkeit der Muskulatur im jahreszeitlichen Verlauf. Int. Z. angew. Physiol. *16*, 90–94.

Heusner, A. (1956): Mise en évidence d'une variation nythémérale de la calorification indépendante du cycle d'activité chez le rat. Compt. Rend. Soc. Biol. *150*, 1246.

Hildebrandt, G. (1961): Rhythmus und Regulation. Med. Welt *1961*, 73–81.

Hildebrandt, G. (1967): Die Koordination rhythmischer Funktionen beim Menschen. Verh. Dtsch. Ges. Inn. Med. *73*, 922–941.

Hildebrandt, G. (1974): Chronobiologische Grundlagen der sogenannten Ordnungstherapie. Therapiewoche *24*, 3883–3901.

Hildebrandt, G. (1975): Outline of Chronohygiene. Chronobiologia (im Druck).

Hildebrandt, G., Ishag George, B. (1973): Untersuchungen über die Bedeutung anamnestischer Fragen für die Bestimmung vegetativer Reaktionstypen. Z. angew. Bäder- u. Klimaheilk. *20*, 237–385.

Hildebrandt, G., Rohmert, W., Rutenfranz, J. (1973): Über jahresrhythmische Häufigkeitsschwankungen der Inanspruchnahme von Sicherheitseinrichtungen durch die Triebfahrzeugführer der Deutschen Bundesbahn. Int. Arch. Arbeitsmed. *31*, 73–80.

Hildebrandt, G., Rohmert, W., Rutenfranz, J. (1974): 12 and 24 H rhythms in error frequency of locomotive drivers and the influence of tiredness on it. Int. J. Chronobiology *2*, 175–180.

Hildebrandt, G., Strempel, H. (1975): Chronobiologische Grundlagen der Leistungs- und Anpassungsfähigkeit. Nova Acta Leopoldina (Halle) (im Druck).

Hildebrandt, G., Witzenrath, A. (1969): Leistungsbereitschaft und vegetative Umstellung im Menstruationsrhythmus. Die cyclischen Schwankungen der Reaktionszeit. Int. Z. angew. Physiol. *27*, 266–282.

Hoffmann, K. (1963): Zur Beziehung zwischen Phasenlage und Spontanfrequenz bei der endogenen Tagesperiodik. Z. Naturforsch. *18 b*, 154–157.

Horne, J. A., Östberg, O. (1974): Individual differences in, and some interrelationships between, circadian changes of body temperature, behaviour, salivation, and extraversion. British Psychol. Assoc. (im Druck).

Ilmarinen, J., Klimt, F., Rutenfranz, J. (1975): Circadian variations of aerobic power. In: P. Colquhoun u. Mitarb. (Hrsg.): Experimental Studies of Shiftwork, S. 265–272. Forschungsberichte d. Landes Nordrh.-Westf. Nr. 2513. Opladen: Westdeutscher Verlag.

Jovonovich, J., Wendt, H. W., Östberg, O., Horne, J. (1975): Correlation of circadian acrophase for oral temperatures with result from a morningness-eveningness questionnaire. XII. Internat. Conf. of the Internat. Soc. for Chronobiology, Washington D. C. Chronobiologia (im Druck).

Kaneko, M., Zechman, F. W., Smith, R. E. (1968): Circadian variation in human peripheral blood flow levels and exercise responses. J. appl. Physiol. *25*, 109–114.

Klein, K. E., Brüner, H., Finger, R., Schalkhäuser, K., Wegmann, H. M. (1966): Tagesrhythmik und Funktionsdiagnostik der peripheren Kreislaufregulation. Int. Z. angew. Physiol. einschl. Arbeitsphysiol. *23*, 125–139.

Klinker, L., Landmann, W. (1970): Saisonale Einflüsse auf den Kureffekt bei funktionellen und organischen Herzpatienten. Arch. Phys. Ther. (Leipzig) *22*, 135–142.

Lewis, P. R., Lobban, M. C. (1957): The effect of prolonged periods of live on abnormal time routine upon excretory rhythms in human subjects. Quart. J. exp. Physiol. *42*, 356–370.

Lewis, P. R., Lobban, M. C (1957): Dissociation of diurnal rhythms in human subjects living on abnormal time routine. Quart. J. exp. Physiol. *42*, 371–386.

Martius, G. (1973): Konstitutionsabhängige Beeinflussung der sportlichen Leistungsfähigkeit durch ovarielle Steroide. Münch. Med. Wschr. *115*, 169–173.

Menzel, W. (1955): Spontane Leistungsschwankungen im menschlichen Organismus. Verh. Dtsch. Ges. f. Arbeitsschutz *3*, 232–240.

Östberg, O. (1973): Interindividual differences in circadian fatigue patterns of shift workers. Brit. J. Industrial Med. *30*, 341–351.

Östberg, O. (1973): Circadian rhythms of food intake and oral temperature in „morning" and „evening" groups of individuals. Ergonomics *16*, 203–209.

Östberg, O., Svensson, G. (1974): Functional age and physical work capacity during day and night. 3rd Int. Symp. of Night- and Shiftwork, Dortmund, 29.-31. Okt. 1974. Int. J. Chronobiology (im Druck).

Pátkai, P. (1970): Diurnal differences between habitual morning workers and evening workers in some psychological functions. Reports from the Psychol. Laboratories of Stockholm University, No. 311.

Pöllmann, L. (1975): Continuous measurements of heart and respiratory rate during a long-term experiment with an inverted activity cycle. In: P. Colquhoun u. Mitarb. (Hrsg.): Experimental studies of shiftwork, S. 94–102. Forschungsberichte d. Landes Nordrh.-Westf. Nr. 2513. Opladen: Westdeutscher Verlag.

Prokop, O., Prokop, L. (1955): Ermüdung und Einschlafen am Steuer. Dtsch. Z. gerichtl. Med. *44*, 343.

Rieck, A., Damm, F. (1975): Circadian variations in blood flow of the extremities at rest and during work. Pflügers Arch./Europ. J. Physiol., Suppl. *355*, R 25.

Rieck, A., Kaspareit, A. (1975): Zur Frage tagesrhythmischer Änderungen von maximaler Muskelkraft und Extremitätendurchblutung nach isometrischer Kontraktion. Internationaler Kongress on ,,Rhythmic Functions in Biological Systems", Wien, (im Druck).

Rutenfranz, J. (1967): Arbeitsphysiologische Aspekte der Nacht- und Schichtarbeit. Arbeitsmed., Sozialmed., Arbeitshyg. *2*, 17–23.

Seidl, E. (1968): Die Kraft der Skelettmuskulatur bei täglicher isometrischer Anspannung unter dem Einfluß von UV-Bestrahlung. Studia biophysica *9*, 71–80.

Strempel, H. (1976): Der habituationsfreie Tagesgang der Cold-Pressure-Reaktion. Z. Phys. Med. *5*, 37–41.

Strempel, H., Hildebrandt, G. (1975): Zur Prognostik funktioneller Adaptationsverläufe. Z. Phys. Med. (im Druck).

Voigt, E.-D., Engel, P. (1969): Tagesrhythmische Schwankungen des Energieverbrauchs bei Arbeitsbelastung. Pflügers Arch. ges. Physiol. *307*, 89.

Voigt, E.-D., Engel, P., Klein, H. (1968): Über den Tagesgang der körperlichen Leistungsfähigkeit. Int. Z. angew. Physiol. einschl. Arbeitsphysiol. *25*, 1–12.

Wahlberg, I., Åstrand, I. (1973): Physical working capacity during the day and at night. Work-environm.-hlth. *10*, 65–68.

Wojtczak-Jaroszowa, J., Banaszkiewicz, A. (1974): Physical working capacity during the day and night. Ergonomics *17*, 2, 193–198.

Zerm, F., Bestehorn, H.-P. (1975): (in Vorbereitung).

Anschrift des Verfassers: Prof. Dr. med. G. Hildebrandt, Institut für Arbeitsphysiologie und Rehabilitationsforschung der Universität Marburg/Lahn, Ketzerbach 21 1/2, D-3550 Marburg/Lahn, Bundesrepublik Deutschland.

Zur Frage tagesrhythmischer Änderungen von maximaler Muskelkraft und Extremitätendurchblutung nach isometrischer Kontraktion[*]

A. Rieck und A. Kaspareit

Institut für Arbeitsphysiologie und Rehabilitationsforschung der Universität Marburg/Lahn

Mit 7 Abbildungen

Über die tageszeitlichen Schwankungen der maximalen Muskelkraft des Menschen gibt es von Huesch (1955) eine ausführlichere Untersuchung. Seine Mitteilungen über den an 6 Probanden ermittelten Tagesgang der Unterarmbeuger sind jedoch aus chronobiologischer Sicht insofern nicht ganz zufriedenstellend, als sie nur über den Verlauf zwischen 7 und 19 Uhr, nicht aber über den während der Nachtstunden berichten. Einer neueren Arbeit von Reinberg (1974) ist jedoch ein deutlicher Tagesgang der Handkraft zu entnehmen.

Über das tagesrhythmische Verhalten der Unterarmbruttodurchblutung in Ruhe und nach isometrischer Kontraktion haben Kaneko u. Mitarb. (1968) berichtet. Allerdings erstrecken sich Ihre Messungen nur über den Zeitraum von 9 bis 22.30 Uhr. In unserem Arbeitskreis wurden die Tagesgänge der Hautdurchblutung (Damm u. Mitarb. 1974) und der Bruttodurchblutung der Extremitäten in Ruhe (Rieck und Damm 1975) kontrolliert. Darüber hinaus haben wir den circadianen Verlauf der Muskel- und der Hautdurchblutung der Wade unter Ruhebedingungen getrennt erfaßt.

Um nun die Beziehungen zwischen Kraft und Durchblutung klären zu können, haben wir mit Hilfe des ELAG-Dynamometers nach Hettinger sowie des Plethysmographen „Periquant 2" der Fa. Gutmann über 26 Stunden Messungen an 10 gesunden Studenten vorgenommen. In der Reihenfolge der Aufzählung wurden folgende Größen in zweistündigen Intervallen gemessen: Ruhepulsfrequenz im Sitzen, optische Reaktionszeit bei 6 der 10 Probanden, Ruhedurchblutung sowie Durchblutung nach einer 10 sec dauernden isometrischen Kontraktion am linken Unterarm im Sitzen, die maximale Arbeitspulsfrequenz während der Muskelkontraktion und ihre anschließende Erholungszeit. Danach wurde ebenfalls im Sitzen die willkürlich maximal mögliche Unterarmbeugekraft durch zwei kurze Kontraktionen in 1minütigem Abstand ermittelt. Gewertet wurde nur die größere der beiden Registrierungen. Unberücksichtigt blieben auch die Messungen der Versuchsbeginne um 15 Uhr, um Störeinflüsse durch die noch ungewohnte Versuchssituation auszuschließen. Die 10 sec dauernde isometrische Kontraktion zur Bestimmung der Extremitä-

---

[*] Aus dem Sonderforschungsbereich 122 „Adaptation und Rehabilitation" der Deutschen Forschungsgemeinschaft.

tenmehrdurchblutung nach statischer Belastung wurde mit den langen Fingerbeugern mit 50% ihrer maximalen Kraft ausgeführt. Die maximale Kraft wurde bei den Probanden zu Beginn der Versuchsreihe durch drei Messungen ermittelt. Die maximalen Durchblutungswerte wurden durch eine 2 min dauernde Meßreihe ermittelt, die jeweils unmittelbar nach der Kontraktion begann.

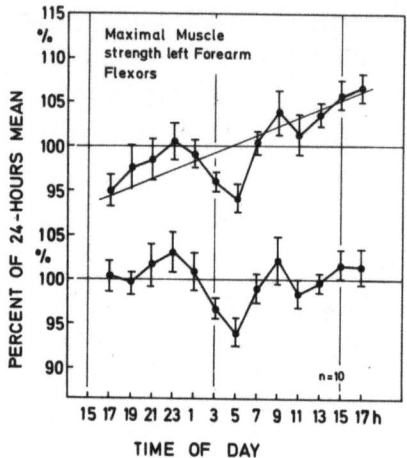

Abb. 1. Mittlerer Tagesgang der maximal möglichen willkürlichen Muskelkraft der linken Unterarmbeuger. Die Klammern geben den mittleren Fehler des Mittelwertes an. *Oben:* Der originale, mit positivem Trend behaftete Verlauf mit der entsprechenden Regressionsgeraden. *Unten:* Derselbe Tagesgang, jedoch nach Bereinigung des Trends in den individuellen Tagesgängen

Abb. 1 zeigt den mittleren Tagesgang der maximalen Unterarmbeugekraft. Die Klammern geben hier wie in den folgenden Abbildungen den mittleren Fehler des Mittelwertes an. Es ergab sich ein Verlauf mit einem auffälligen positiven Trend, mit welchem die Maximalkraft im Laufe von 24 Stunden um etwa 11,5% ansteigt. Dieser Trend ist aber von Schwankungen überlagert und zeigt vor allem im Bereich der Nacht und in den frühen Morgenstunden ein breites, hoch signifikantes Minimum.

In den individuellen Verlaufskurven war die Größe des Trends sehr unterschiedlich. Dabei ergab sich, daß diese in einer engen Beziehung zur individuellen vegetativen Reaktionslage stand. Abb. 2 zeigt die Korrelation zwischen dem individuellen Steigungskoeffizienten der Regression und dem 24-Stunden-Mittelwert der Ruhepulsfrequenz. Bei dem Korrelationskoeffizienten von $r = -0{,}76$ ist diese Beziehung statistisch gut gesichert ($p < 0{,}01$). Wir sehen in dieser Abhängigkeit von der vegetativen Reaktionslage einen Hinweis darauf, daß der Trend der maximalen Muskelkraft im Tageslauf weniger auf Übungseffekte zurückzuführen ist, als vielmehr auf einen funktionellen Adaptationsprozeß, der sich dem Tagesgang der Muskelkraft überlagert.

Wenden wir uns noch einmal der Abb. 1 zu: Hier ist im unteren Teil der mittlere Tagesgang der maximalen Muskelkraft nach Bereinigung des Trends in den individuellen Tagesgängen wiedergegeben. Die größte Schwankungsbreite beträgt im Mittel rd. 10%. Der Tagesgang vermittelt den Eindruck, als ob der

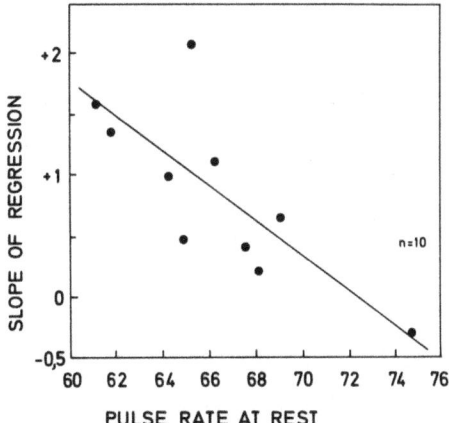

Abb. 2. Korrelation zwischen dem individuellen Tagesmittelwert der Ruhepulsfrequenz und der Steigung der Regression des zugehörigen Tagesganges der maximalen Unterarmbeugekraft. Eingetragen sind, entsprechend der Probandenzahl, 10 Punkte und deren Regressionsgerade. r = −0,76; p < 0,01

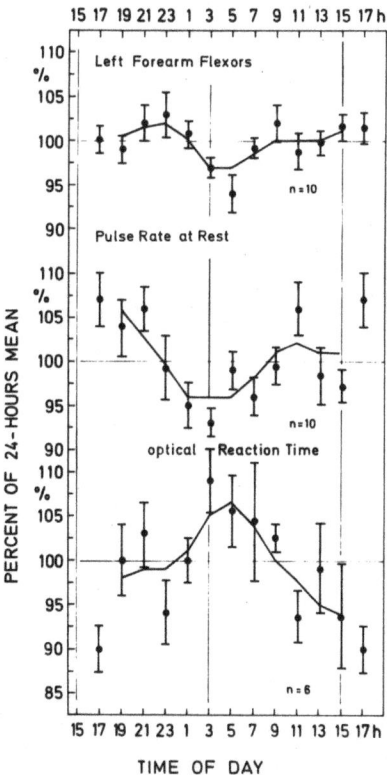

Abb. 3. Die geglätteten (einmalige übergreifende Dreiermittelung) mittleren Tagesgänge der maximalen Unterarmbeugekraft, der Ruhepulsfrequenz und der Reaktionszeit zur Veranschaulichung der Phasenbeziehung. Die gemessenen Mittelwerte mit ihren mittleren Fehlern sind unterlegt

24-Stunden-Rhythmus von einem kürzerwelligen Prozeß überlagert ist, der nach dem Hauptminimum einen Anstoß erfährt und danach in 6- bis 8stündigen Perioden abläuft.

In Abb. 3 ist die Phasenlage des Tagesganges der maximalen Muskelkraft daraufhin untersucht, inwieweit sie sich in das Bild tagesrhythmischer Abläufe des Menschen einfügt. Dargestellt sind die geglätteten Kurven der gemessenen Tagesgänge von Muskelkraft, Pulsfrequenz und Reaktionszeit. Die Mittelwerte und ihre mittleren Fehler wurden unterlegt. Man erkennt, daß die Phasenlage der Ruhepulsfrequenz, in der sich das Verhalten des vegetativen Tonus widerspiegelt, prinzipiell mit der der Muskelkraft übereinstimmt. Die Reaktionszeit, die als ein reziprokes Maß für die Vigilanz anzusehen ist, zeigt ein gegensinniges Phasenverhalten zur Kraft, das sich auch statistisch absichern ließ ($p < 0,01$). Damit dürfen wir als wahrscheinlich annehmen, daß das Verhalten der maximalen Muskelkraft im Tagesgang einen Rhythmus widerspiegelt, der vom Grad der Vigilanz mitbestimmt wird.

Nachdem Kleitman u. Mitarb. (1938) sowie Kleitman und Jackson (1950) bereits eine strenge Abhängigkeit der Reaktionszeit von der Körpertemperatur herausgestellt hatten, ist kaum anzunehmen, daß die tagesrhythmischen Schwankungen der Vigilanz unabhängig von den vegetativen Umstellungen im Tagesgang gesehen werden können. Dafür spricht auch das Verhalten der Pulsfrequenz. Demnach kann auch der Tagesrhythmus der maximalen Muskelkraft als Ausdruck eines komplexen psycho-vegetativen Funktionswandels betrachtet werden, der erfahrungsgemäß weitgehend unabhängig von äußeren Tageseinflüssen ist.

Abb. 4 zeigt unten noch einmal den Tagesgang der Ruhepulsfrequenz, der im wesentlichen den aus der Literatur bekannten Verlauf hat. Die Mittagssenke ist jedoch stark ausgeprägt, was dadurch bedingt sein kann, daß sie am Ende der 26stündigen Meßreihe liegt, in der die Störungen durch die 2stündigen Meßintervalle den Erholungswert der Nacht stark beeinträchtigt haben.

Darüber befindet sich der mittlere Tagesgang der maximalen Pulsfrequenz während der 10 sec dauernden isometrischen Kontraktion. Die Übereinstimmung in der Phasenlage mit der Ruhepulsfrequenz ist trotz der fehlenden Mittagssenke signifikant ($r = +0,64$). Ferner steht dieser Verlauf der Belastungsfrequenz prinzipiell im Einklang mit dem Verlauf der Arbeitspulsfrequenz, wie er von Voigt u. Mitarb. (1968) nach einer allerdings dynamischen Belastung beschrieben wurde.

Oben ist der mittlere Tagesgang des maximalen Pulsanstiegs während der isometrischen Kontraktion dargestellt, nachdem vorher der Trend an den individuellen Werten bereinigt worden ist. Der Tagesgang ist mehrgipfelig mit signifikanter Amplitude. Die größten Anstiegswerte treten mittags auf, also zu der Zeit, in der die Ruhefrequenz eine Senke durchläuft. Noch niedriger als mittags liegen die Ruhepulswerte in der Nacht, und doch bleibt der Pulsanstieg während der Kontraktion hier hinter den Tagesmittelwerten zurück. Wir sehen in diesem Verhalten eine besonders trophotrop-ökonomische Kreislaufregulation. Die gleiche Feststellung haben im übrigen auch Voigt u. Mitarb. (1968) in ihrem Tagesgang der dynamisch untersuchten Leistungsfähigkeit getroffen.

Die in dieser Abbildung bei den drei Tagesgängen jeweils um 17 Uhr eingetragenen zwei Werte, die zu Beginn bzw. zu Ende der Meßreihe gewonnen wurden, unterscheiden sich statistisch nicht voneinander.

Als weiterer Befund ließ sich für den hier nicht dargestellten Tagesgang der Erholungszeit ein hoch signifikanter positiver Zusammenhang mit dem Pulsfrequenzanstieg während der isometrischen Kontraktion nachweisen (r = +0,83).

In Abb. 5 ist unten der mittlere Tagesgang der Gesamtdurchblutung des Unterarmes in Ruhe nach Glättung durch übergreifende Dreiermittelung dargestellt. Prinzipiell besteht hier eine Übereinstimmung mit den Ergebnissen von

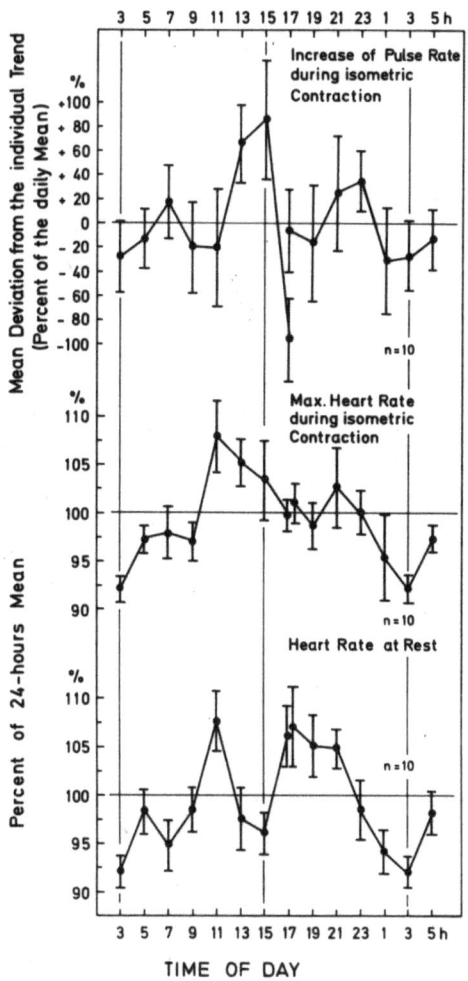

Abb. 4. Mittlere Tagesgänge des Pulsfrequenzverhaltens. Alle Werte wurden im Sitzen registriert. Um 17 Uhr lagen Beginn und Ende der Meßreihe. Die Klammern geben den mittleren Fehler des Mittelwertes an. *Unten:* Verlauf der Ruhepulsfrequenz. *Mitte:* Verlauf der maximalen Pulsfrequenz während der 10 sec dauernden isometrischen Kontraktion. *Oben:* Verlauf des Pulsfrequenzanstieges während der 10 sec dauernden isometrischen Kontraktion

Kaneko u. Mitarb. (1968). Nach Vergleichen mit früheren Untersuchungen aus unserem Arbeitskreis ist im einzelnen noch folgendes zu sagen:

Aus zwei Meßreihen, bei denen einmal die Extremitätenhautdurchblutung durch Wärmeleitmessung (Damm u. Mitarb. 1974) und zum anderen die Extremitätengesamtdurchblutung plethysmographisch (Rieck und Damm 1975) an liegenden Probanden gemessen wurde, gewannen wir ursprünglich die Ein-

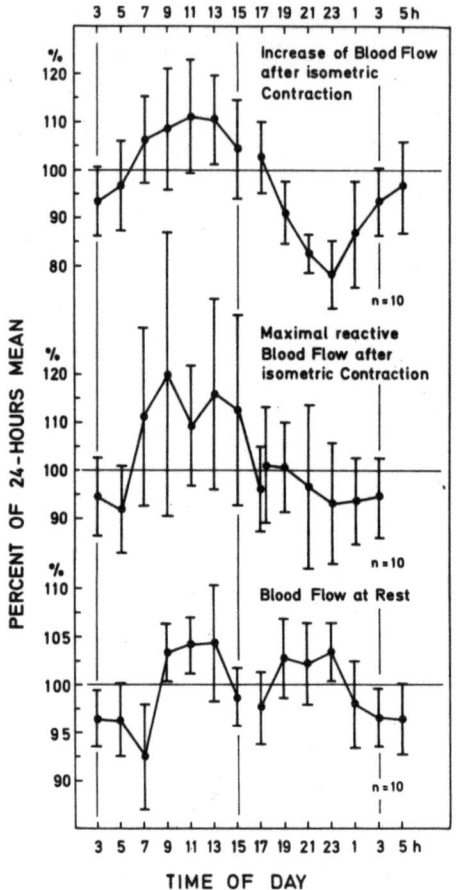

Abb. 5. Mittlere Tagesgänge des Durchblutungsverhaltens. Alle Werte wurden im Sitzen registriert. Um 17 Uhr lagen Beginn und Ende der Meßreihe. Die Klammern geben den mittleren Fehler des Mittelwertes an. *Unten:* Verlauf der Unterarmruhedurchblutung. *Mitte:* Verlauf der maximalen reaktiven Unterarmdurchblutung unmittelbar nach Ende der 10 sec dauernden isometrischen Kontraktion. *Oben:* Verlauf des maximalen Anstiegs der Unterarmdurchblutung unmittelbar nach der 10 sec dauernden isometrischen Kontraktion

sicht, daß der Tagesgang der Extremitätendurchblutung in Ruhe im wesentlichen durch den der Hautdurchblutung bestimmt wird. Das trifft hier auch für den Zeitabschnitt vom Abend mit seinen ansteigenden Werten bis hin zum Morgen mit seinen gegen 7 Uhr wieder erniedrigten Werten zu. Unerklärt bleibt jedoch nach dem Tagesgang der Hautdurchblutung der hier ermittelte

Anstieg der morgendlichen Bruttodurchblutung ab 9 Uhr. Daß es sich hierbei um ein Anwachsen der Muskeldurchblutung handeln muß, bestätigt uns jedoch eine weitere Versuchsreihe, in der wir Haut- und Muskeldurchblutung mittels Adrenaliniontophorese plethysmographisch getrennt ermittelt haben (Rieck und Damm 1975). Abb. 6 zeigt hierzu, daß in den betreffenden Vormittagsstunden die relative Muskeldurchblutung hoch ist.

Wenden wir uns noch einmal Abb. 5 zu, so sehen wir in der Mitte den mittleren Tagesgang der maximalen reaktiven Gesamtdurchblutung des Unterarmes. Zwar ist die Amplitude dieses Verlaufes nicht signifikant, doch läßt sie

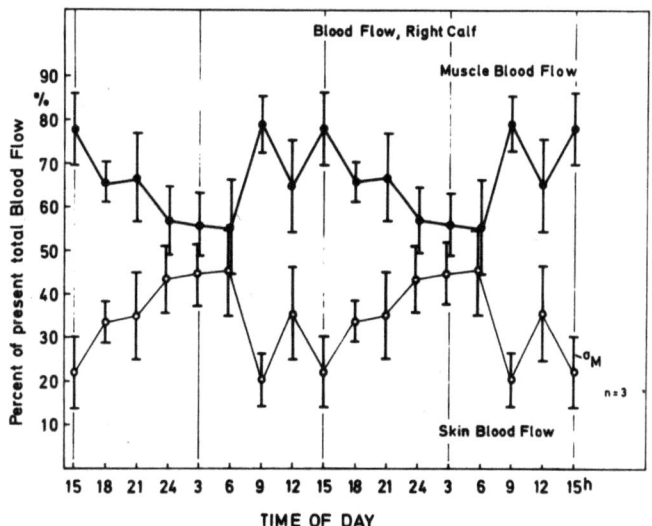

Abb. 6. Mittlere Tagesgänge der Haut- und Muskeldurchblutung der rechten Wade in Ruhe, dargestellt in Prozent der jeweiligen Gesamtdurchblutung. Die Werte wurden an drei Probanden im Liegen mit Hilfe der Adrenaliniontophorese getrennt nach Haut- und Muskelanteil plethysmographisch ermittelt. Der Übersicht halber wurden die Tagesgänge zweimal hintereinander aufgetragen. Die Klammern geben den mittleren Fehler des Mittelwertes an

zumindest der Tendenz nach erkennen, daß die Reaktivität des Kreislaufes nachts am geringsten ist.

Prüft man aber die oben im Bild wiedergegebenen Maximalwerte der Durchblutungszunahme, ergibt sich ein hoch signifikanter Tagesgang mit einem Maximum am Vormittag und einem Minimum am späten Abend.

Betrachten wir in Abb. 7 abschließend die Tagesgänge von maximaler Muskelkraft und maximaler Durchblutungszunahme, so sehen wir, daß dem Verlauf der Maximalkraft, für den wir einen signifikanten positiven Zusammenhang mit der Vigilanz nachweisen konnten, während der Nacht bei niedrigen Werten eine nur geringe relative Durchblutungszunahme entspricht. Dadurch kommt, im Gegensatz zu anderen Tageszeiten, eine offensichtlich besonders ökonomische Kreislaufregulierung zum Ausdruck.

Diese Beobachtung entspricht auch Erfahrungen aus anderen Bereichen. So wurden dynamische Leistungen ebenfalls in der Nacht unter ökonomischeren

Bedingungen vollbracht als am Tage, wie aus älteren Untersuchungen von Bochnik (1953) hervorgeht, der am Mosso'schen Fingerergographen nachts die Maximalwerte des Tagesganges der Dauerleistung feststellte. Darüber hinaus fanden Voigt und Engel (1969) im Bereich submaximaler Fahrradergometerarbeit in den Nachtstunden die signifikant geringeren Werte der O_2-Aufnahme.

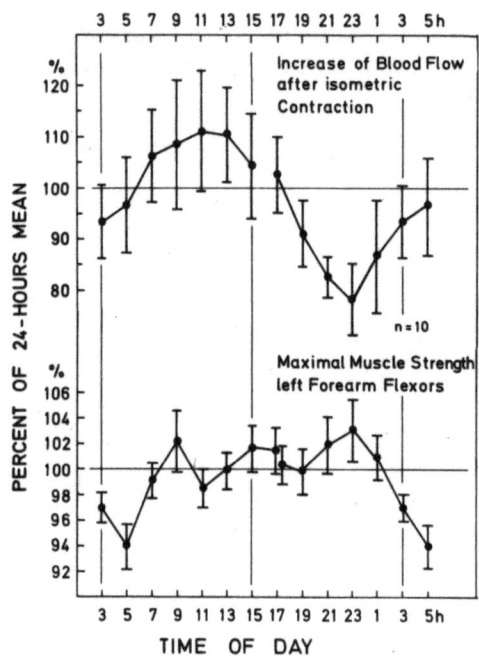

Abb. 7. *Unten:* Tagesgang der maximalen Muskelkraft der linken Unterarmbeuger nach Bereinigung des Trends in den individuellen Tagesgängen. *Oben:* Tagesgang der maximalen Durchblutungszunahme nach 10 sec dauernder isometrischer Kontraktion. Die Werte wurden für beide Tagesgänge an denselben 10 Probanden ermittelt und sind in Prozent vom Tagesmittel dargestellt. Die Klammern geben den mittleren Fehler des Mittelwertes an

In Versuchen an Ratten zeigte schließlich auch Heusner (1959), daß der geringere Energieverbrauch pro Aktivitätseinheit zu der Tageszeit beobachtet wird, die natürlicherweise überwiegend der Erholung dient.

Literatur

Andlauer, P., Metz, B. (1955): Variations nycthémérales de la fréquence horaire des accidents du travail. Verh. IV. Konf. Intern. Ges. Biol. Rhythmusforsch., Stockholm, pp. 86–94.

Bochnik, H. J. (1953): Über Schwankungen zentralnervöser und autonomer Funktionen. Acta Med. Scand., Suppl. *278*, 122–128.

Damm, F., Döring, G., Hildebrandt, G. (1974): Untersuchungen über den Tagesgang der Hautdurchblutung und Hauttemperatur unter besonderer Berücksichtigung der physikalischen Temperaturregulation. Z. Phys. Med. u. Rehab. *15*, 1–5.

Hettinger, Th. (1972): Isometrisches Muskeltraining. Stuttgart: Thieme.

Heusner, A. (1956): Mise en évidence d'une variation nycthémérale de la calorification indépendante du cycle de l'activité chez le rat. Compt. Rend. Soc. Biol. *150*, 1246–1248.

Huesch, W. (1955): Über rhythmische Änderungen der maximalen Muskelkraft. Z. Biol. *107*, 81–94.

Kaneko, M., Zechman, F. W., Smith, R. E. (1968): Circadian variation in human peripheral blood flow levels and exercise responses. J. appl. Physiol. *25*, 109–114.

Kleitman, N., Jackson, D. P. (1950/51): Body temperature and performance under different routines. J. appl. Physiol. *3*, 309–328.

Kleitman, N., u. Mitarb. (1938): The effect of body temperature on reaction time. Amer. J. Physiol. *121*, 495–501.

Melchior, H., Hildebrandt, G. (1967): Die Hautdurchblutung verschiedener Körperregionen bei Arbeit. Int. Z. angew. Physiol. einschl. Arbeitsphysiol. *24*, 68–80.

Reinberg, A. (1974): Chronopharmacology in Man. In: Aschoff, J., Ceresa, F. und Halberg, F. (Hrsg.): Chronobiological Aspects of Endocrinology, S. 305–337. Stuttgart–New York: Schattauer.

Rieck, A., Damm, F. (1975): Circadian variations in blood flow of the extremities at rest and during work. Pflügers Arch./Europ. J. Physiol., Suppl. to Vol 355, R 25.

Voigt, E.-D., Engel, P. (1969): Tagesrhythmische Schwankungen des Energieverbrauchs bei Arbeitsbelastung. (Diurnal Variations of Energy-Consumption during Workload.) Arch. ges. Physiol. *307*, 89.

Anschrift der Verfasser: Dr. A. Rieck und A. Kaspareit, Institut für Arbeitsphysiologie und Rehabilitationsforschung der Universität Marburg/Lahn, Ketzerbach 21 1/2, D-3550 Marburg/Lahn, Bundesrepublik Deutschland.

Tagesrhythmische Einflüsse auf die Thermoregulation unter thermischen Belastungen*

H. Strempel, G. Hildebrandt, M. Cabanac und B. Massonnet

Institut für Arbeitsphysiologie und Rehabilitationsforschung der Universität Marburg/Lahn und Laboratoires de Physiologie der Claude Bernard-Universität, Lyon

Mit 8 Abbildungen

Die Körpertemperatur des Menschen ist eine geregelte Größe, die langfristig durch ein ausgeglichenes Verhältnis von Wärmeproduktion und Wärmeabgabe konstant gehalten wird (Richet 1898; Aschoff 1967). Die Schwankungen der Kerntemperatur im Tagesverlauf werden durch tagesrhythmische Schwan-

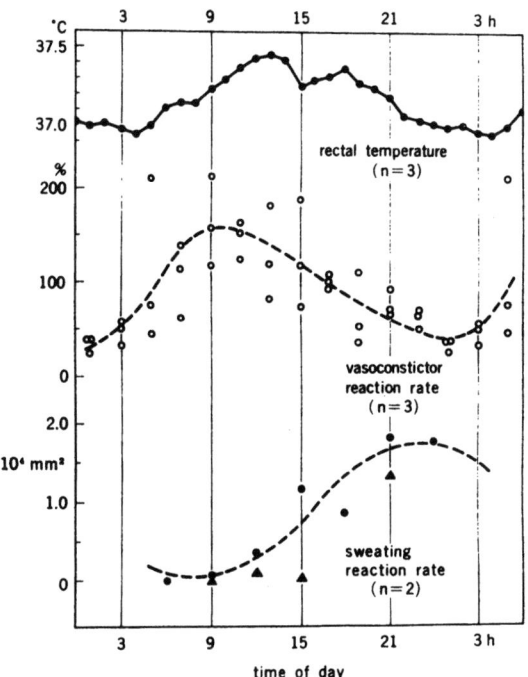

Abb. 1. Tagesgang der Rektaltemperatur, der mittleren akralen Wiedererwärmungszeit (in % des Tagesmittels) sowie der Hautwasserabgabe an der Stirnhaut nach Aufnahme gleicher Portionen eines diaphoretischen Tees. (Nach Daten von Hildebrandt u. Mitarb. 1954; Hildebrandt 1957)

---

* Aus dem Sonderforschungsbereich 122 „Adaptation und Rehabilitation" der Deutschen Forschungsgemeinschaft.

kungen des Sollwertes hervorgerufen. Im Dienste dieser Sollwertverstellungen folgt einer morgendlichen thermoregulatorischen Aufheizungsphase zum Abend hin eine thermoregulatorische Entwärmungsphase (Hildebrandt 1974a, 1974b). Diesen unterschiedlichen thermoregulatorischen Tendenzen entsprechen die bekannten tagesrhythmischen Variationen der akralen Wiedererwärmungszeit (Hildebrandt 1957) (Abb. 1), der Schwitzbereitschaft (Hildebrandt 1954) und der Hauttemperaturen der Extremitäten (Aschoff 1958; Koe u. Mitarb. 1968; Thimbal u. Mitarb. 1972; Damm u. Mitarb. 1974). Die letzteren stellen unter physiologischen Bedingungen die Haupteffektoren dieses Regelsystems dar (Bazett 1949; Aschoff u. Mitarb. 1973; u. a.).

Die autonomen Reaktionen auf periphere thermische Reize zu verschiedenen Tageszeiten, das bedeutet auch bei unterschiedlichen thermoregulatorischen Zuständen, sind gut untersucht (Hildebrandt 1957; Smith 1969; Weh 1973; Strempel 1975). Die dabei auftretenden subjektiven Komfortempfindungen, die insbesondere in der Arbeitswelt eine große Bedeutung haben, sind bisher unter tagesrhythmischem Aspekt nur unzureichend studiert worden (Grandjean 1967; Fanger u. Mitarb. 1974). In der vorliegenden Untersuchung sollen die tagesrhythmischen Variationen von autonomen und subjektiven Reaktionen auf zentral wirksame Reize verglichen werden.

Methodik

Vier gesunde männliche Versuchspersonen wurden zu vier verschiedenen Tageszeiten in einem Vollbad je 30 min mit 40° C Wassertemperatur überwärmt und anschließend mit 30° C ebenfalls 30 min wieder abgekühlt. Außer der Kerntemperatur wurde die Wassertemperatur in einem handschuhähnlichen Gefäß, das außerhalb der Wanne angebracht war, kontrolliert. Diese Temperatur wurde von der Versuchsperson innerhalb des Bades fortlaufend auf eine optimale Komfortempfindung an der eingetauchten Hand einreguliert. Während der letzten 10 min des 30° C-Bades sowie während einer anschließenden erneuten passiven Aufheizung in 40° C-Wasser wurde in 1-min-Abständen für jeweils 30 sec Dauer ein Wassergefäß mit verschiedenen Temperaturen im Bereich zwischen 10 und 45° C dargeboten. Die Komfortempfindungen beim Eintauchen einer Hand in das Testgefäß mußten nach Maßgabe einer vorgegebenen Skala zwischen +2 (sehr angenehm) und −2 (sehr unangenehm) subjektiv geschätzt werden. Die Badetemperatur wurde thermostatisch unter Verwendung eines Rührwerkes geregelt und thermoelektrisch registriert. Die Veränderungen der Wassertemperatur wurden durch Wasseraustausch und Einbringen von gemahlenem Eis möglichst sprunghaft (maximal 1 min) durchgeführt. Die Wassertemperatur in beiden Testgefäßen wurde thermoelektrisch in Höhe der Grundgelenke der exponierten Hand registriert. Mit demselben Meßfühler wurden die Ruheausgangswerte der akralen Hauttemperatur an der Volarseite der linken Hand ermittelt. Die Kerntemperatur wurde mit einer Schlucksonde ca. 45 cm aboral im Ösophagus thermoelektrisch gemessen. Das Meßgefäß zur Bestimmung der thermischen Komfortwerte hatte einen Inhalt von ca. 1000 ml, so daß die ganze Hand eingetaucht werden konnte. Die Wertung wurde jeweils nach 25 sec Verweildauer, während derer ständige Fingerbewe-

Tabelle 1. *Die Reihenfolge der Einzelversuche (1.–4.) und die Dauer der dazwischenliegenden Intervalle für die vier Versuchspersonen*

Vp.	Tageszeit des Versuchsbeginns und Intervalldauer (Std.)								
	2.00 h	Intervall	8.00 h	Intervall	14.00 h	Intervall	20.00 h	Intervall
I	4.	⊠	1.	54	2.	54	3.	54
II	3.	54	4.	⊠	1.	54	2.	54
III	2.	30	3.	30	4.	⊠	1.	30
IV	3.	54	4.	⊠	1.	54	2.	54

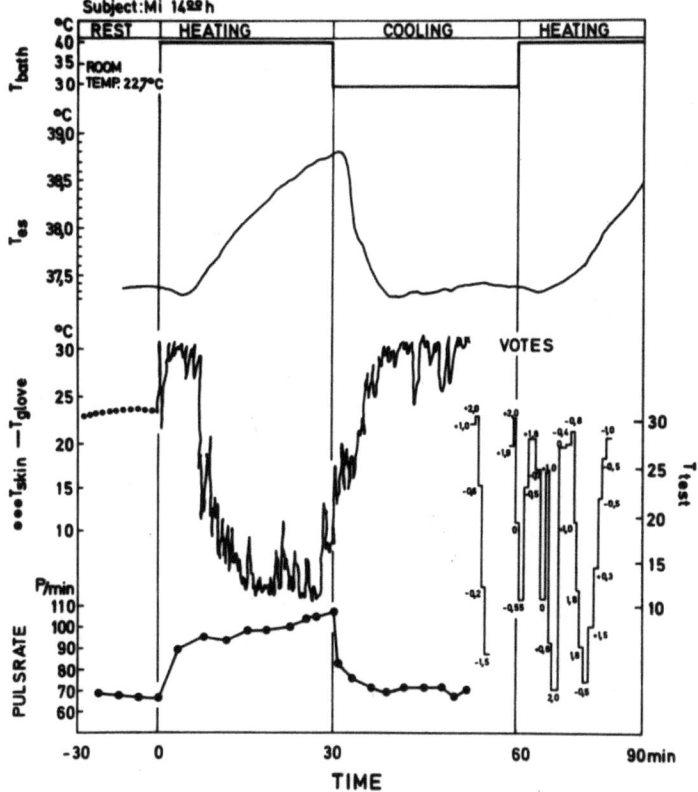

Abb. 2. Ein halbschematisches Protokoll eines einzelnen Versuchsablaufs. Erste Kurve = Temperatur des Vollbades (T_{bath}); zweite Kurve = Ösophagustemperatur (T_{es}); dritte Kurve = Ruheausgangstemperatur der Haut (T_{skin}), Wahltemperatur (T_{glove}) sowie Testtemperatur mit den entsprechenden Komfortnoten; vierte Kurve = Pulsfrequenz

gungen ausgeführt werden mußten, mit einer Entscheidungsfrist von 5 sec abgefragt.

Die zeitliche Anordnung der Einzelversuche geht aus Tab. 1 hervor. Die Reihenfolge für die einzelnen Versuchspersonen wurde nach Möglichkeit vari-

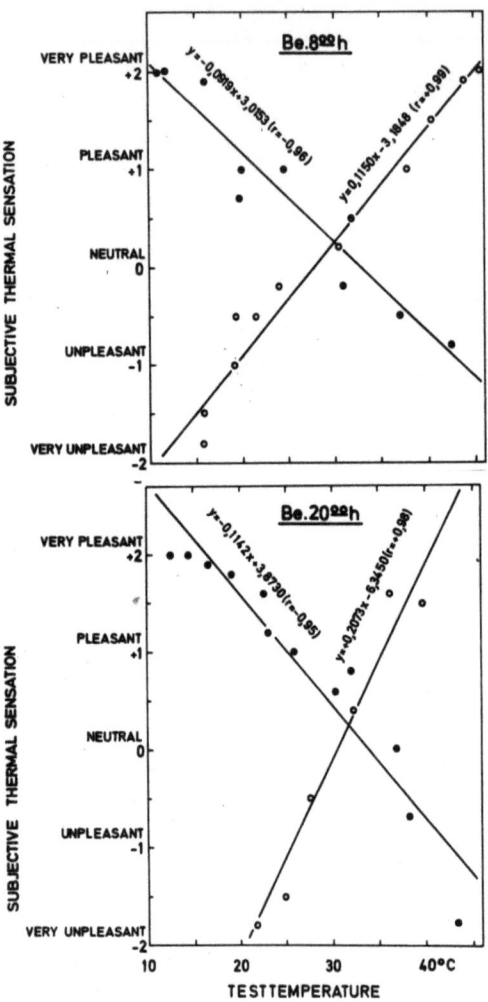

Abb. 3. Subjektive thermische Komfortbewertung verschiedener thermischer Reize. Zwei Beispiele von einer einzigen Versuchsperson zu verschiedenen Tageszeiten. Die Punktwolke der geschlossenen Kreise repräsentiert die Entscheidungen im Zustand der Hyperthermie, die der offenen im Zustand der Hypothermie

iert, um systematische Einflüsse der Versuchsbelastung auszuschließen. Bereits 30 min vor Beginn jedes Versuchs ruhte der Proband leicht zugedeckt zur Ermittlung der Ausgangswerte auf einer Liege im Untersuchungsraum. Weitere Einzelheiten des Versuchsablaufs gehen aus dem Beispiel der Abb. 2 hervor.

Zur Bestimmung des aktuellen Sollwertes der Kerntemperatur wurden nach dem Vorgehen von Cabanac (1969) während des dritten Versuchsabschnitts die Komfortnoten gegen die Testtemperaturen aufgetragen (Beispiel s. Abb. 3). Dabei ergeben sich in der Regel für den hyper- und hypothermen Zustand zwei getrennte Kurvenzüge, die im mittleren Testtemperaturbereich und unter stationären Bedingungen hinreichend linear verlaufen. Beim Übergang von der hyperthermen zur hypothermen Charakteristik der subjektiven Komfortbenotung wird der Sollwert der Kerntemperatur passiert und an der aktuellen Kerntemperatur abgelesen. Die mittlere Regression zwischen Komfortnote und Testtemperatur, die sogenannte allaesthetische Empfindlichkeit, wurde für den hypo- und hyperthermen Zustand getrennt bestimmt.

Bei den Darstellungen des mittleren tagesrhythmischen Verhaltens aller Meßgrößen wurden die Standardfehler erst nach Ausgleich der interindividuellen Niveauunterschiede durch Berechnung der Abweichungen vom individuellen Tagesmittelwert bestimmt.

Ergebnisse

1. Tagesgang der Ruheausgangswerte

Abb. 4 zeigt den mittleren Tagesgang der Ruheausgangswerte der Ösophagustemperatur, der Hauttemperatur der Handflächen nach 4 min und nach 30 min Ruhezeit sowie der Pulsfrequenz für alle vier Versuchspersonen. Der Verlauf der Körpertemperatur entspricht mit dem frühmorgendlichen Minimum und dem nachmittäglichen Maximum in Phasenlage und Amplitude den Erwartungen (Aschoff 1955; Menzel 1962; Thimbal u. Mitarb. 1972; u. a.). Das gleiche gilt für den mittleren Verlauf der akralen Hauttemperatur, die während der ansteigenden Phase der Kerntemperatur in der ersten Tageshälfte rückläufige Tendenz im Sinne einer peripheren Wärmeeinsparung, während des Abfalls der Kerntemperatur in der zweiten Tageshälfte ansteigende bzw. höhere Werte zeigt. Obwohl sich im Laufe der Ruhezeit die Schwankungen der peripheren Hauttemperaturen vermindern und die Streuungen erheblich bleiben, kommen die grundsätzlich gegensinnigen Tendenzen der physikalischen Temperaturregulation, nämlich Aufheizung und Entwärmung, in beiden Tageshälften deutlich zum Ausdruck (Lit.-Übersicht s. Hildebrandt 1962, 1974a). Auch der mittlere Tagesgang der Pulsfrequenz entspricht bei den vier Probanden den Erwartungen.

2. Autonome Reaktionen während passiver Aufheizung und Kühlung

Unter den für unsere spezielle Fragestellung gewählten Versuchsbedingungen war eine Beurteilung der autonomen Reaktionen und Gegenregulationen im *heißen Bade* von vornherein nicht möglich. Der Erfolg einer passiven Abkühlung im *kalten Bade* ist einerseits von der Größe der Oberflächendurchblutung abhängig, andererseits wirkt aber naturgemäß auch die unter diesen Bedingungen gesteigerte Wärmeproduktion dem Absinken der Körpertemperatur entgegen. Schwankungen des Wärmeinhalts der Körperschale brauchen hier nicht berücksichtigt zu werden, da die Abkühlungsphase nach der unmittelbar vorausgehenden passiven Hyperthermie begonnen wurde, bei der zu allen Tageszeiten im Durchschnitt gleiche Endtemperaturen erreicht wurden.

Zur Beurteilung der Kälteabwehr im kühlen Bade bestimmten wir die Differenz der Kerntemperatur beim Durchlaufen ihres absoluten Minimums sowie nach Einstellung eines Endniveaus nach 30 min gegenüber dem Ruheausgangswert vor Versuchsbeginn. Abb. 5 zeigt den mittleren Tagesgang dieser Differenzen. Es besteht eine ausgeprägte und statistisch gesicherte tagesrhythmische Schwankung mit dem stärksten Abfall der Körperkerntemperatur um 20 Uhr

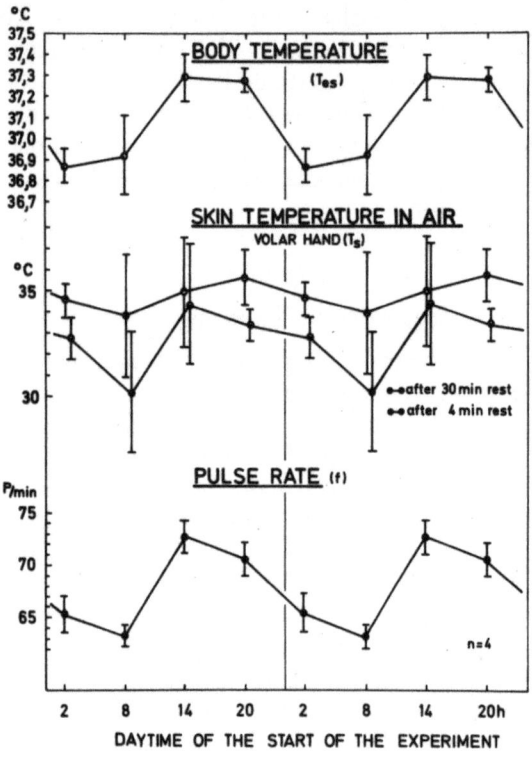

Abb. 4. Tagesgang der Ruheausgangswerte der Ösophagustemperatur (T_{es}), der Hauttemperatur an der Hand (T_s) und der Pulsfrequenz (f). Wie in den folgenden Abbildungen sind Ergebnisse eines Tagesganges zur besseren Übersicht zweimal hintereinander aufgetragen. Die Klammern geben den mittleren Fehler der Mittelwerte an

und den geringeren Abkühlungseffekten während der ersten Tageshälfte. Neben diesen absolut erreichten Effekten ist noch die Differenz dieser beiden Kurven von Interesse, die dem Wiederanstieg der Kerntemperatur vom initialen Minimum bis zum Ende des Kaltbades entspricht. Die Kältegegenregulation ist demnach während der vormittäglichen Aufheizungsphase wirksamer als während der nachmittäglichen Entwärmungsphase. Dem würden die bekannten Befunde (Hildebrandt und Engelbertz 1953) entsprechen, daß nämlich in kühlen Bädern vormittags das Kältezittern schneller und intensiver einsetzt. An der schnelleren Auskühlung in der zweiten Tageshälfte dürfte besonders eine verminderte vasokonstriktorische Reaktion der Hautgefäße beteiligt sein (Lit.-Übersicht s. Hildebrandt 1962, 1974b).

3. Subjektive Reaktionen während passiver Aufheizung und Abkühlung

Zur Beurteilung der operational allaesthetischen Reaktionen wurden die Beziehungen der Vorzugstemperaturen der Hand zur ansteigenden und abfallenden Körpertemperatur im 40° C- und 30° C-Bad untersucht, und zwar jeweils im Bereich der steilsten Änderungen (vgl. dazu Abb. 2). Abb. 6 (oben) zeigt den mittleren Tagesgang des Quotienten der Änderungsgeschwindigkeiten von Vorzugstemperatur und Ösophagustemperatur während des Anstiegs der Kerntemperatur im heißen Bade.

Bei ansteigender Kerntemperatur, wo der Quotient ein negatives Vorzeichen hat und damit das zunehmende subjektive Kaltreizbedürfnis des Probanden anzeigt, liegen die Mittelwerte, bei allerdings nicht geringer interindividueller Streuung, in der ersten Tageshälfte unterhalb, in der zweiten Tageshälfte oberhalb des Tagesdurchschnitts.

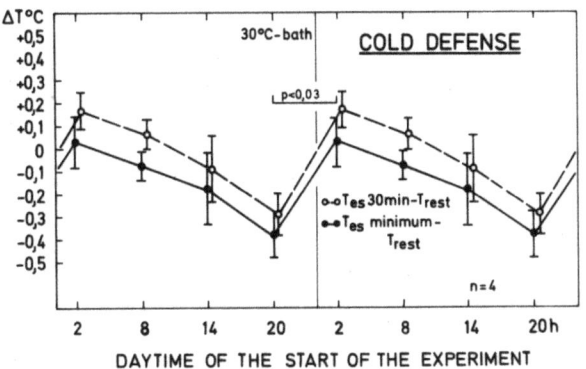

Abb. 5. Mittlere Veränderungen der Ösophagustemperatur zum Zeitpunkt des Temperaturminimums (durchgezogene Linie) und am Ende des Kaltbades (unterbrochene Linie) gegenüber ihrem Ruheausgangswert

Der Rückgang der Kerntemperatur am Beginn des kalten Bades erfolgte so schnell, daß nicht genügend Suchbewegungen der Vorzugstemperatur zur Ermittlung ihrer Änderungsgeschwindigkeit vorlagen.

Schon die Beispiele in Abb. 3 ließen erkennen, daß auch die Beziehungen zwischen subjektiver Komfortempfindung und Testtemperatur, wie sie im dritten Versuchsabschnitt geprüft wurden, im Tagesverlauf nicht konstant sind. Zur näheren Untersuchung wurden die individuellen Regressionskoeffizienten sämtlicher Wertepaare im kalten Bade sowie im warmen Bade bis etwa 0,5° C oberhalb des Sollwertes der Kerntemperatur ermittelt (vgl. Methodik). Abb. 6 (unten) zeigt den mittleren Tagesgang der Regressionskoeffizienten für beide Bedingungen. Die Kurven verlaufen bei Vernachlässigung des Vorzeichens weitgehend parallel ($r = +0,86$) und zeigen ein gemeinsames Maximum um 20 Uhr, das zumindest im 40° C-Bad statistisch gesichert ist, während das Minimum beider Kurven in der ersten Tageshälfte liegt.

Von den beiden unterschiedlichen Zugängen her, nämlich den operationalen Reaktionen und der Komfortbenotung, ergibt sich also, daß die Empfindlichkeit der thermischen Allaesthesie tagesrhythmischen Schwankungen unterworfen ist.

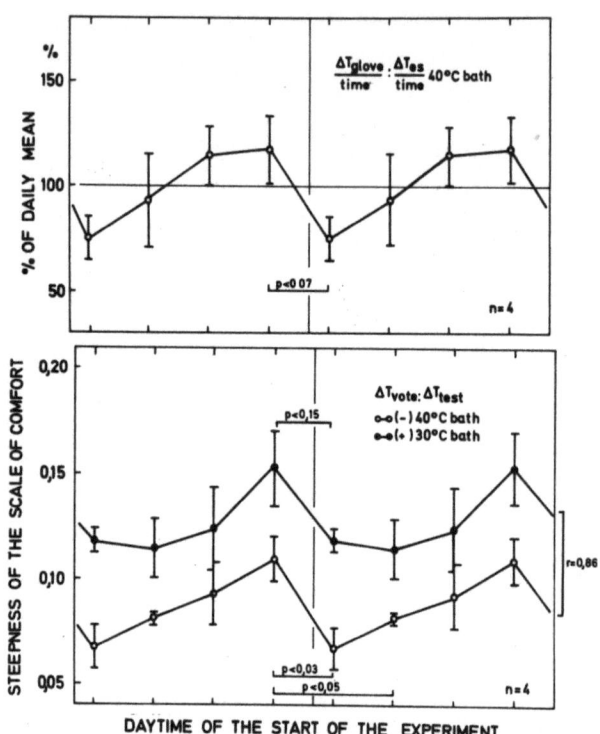

Abb. 6. Ergebnisse der Verhaltensreaktionen. *Oben:* Mittlerer Tagesgang des Quotienten aus den Änderungsgeschwindigkeiten von Vorzugstemperatur und zugehöriger Ösophagustemperatur während des Anstiegs der Kerntemperatur im warmen Bade. *Unten:* Mittlerer Tagesgang der Steilheit der Beziehung zwischen Komfortbenotung und Testtemperatur während Hypothermie (obere Kurve) und Hyperthermie (untere Kurve) unter Vernachlässigung der Vorzeichen

4. Tagesgang des Sollwertes der Körpertemperatur

In Abb. 7 ist der mittlere Tagesgang der jeweils im dritten Versuchsabschnitt am allaesthetischen Verhalten bestimmten Sollwerte der Ösophagustemperatur im Vergleich zum mittleren Verlauf der Ruheausgangswerte dargestellt. Obwohl im großen und ganzen ein gleichsinniger tagesrhythmischer Verlauf mit ähnlicher Amplitude resultiert, ist doch eine Phasenverschiebung beider Rhythmen erkennbar in dem Sinne, daß die Änderungen des Sollwertes denen der Kerntemperatur etwas vorangehen. Aus dieser Phasendifferenz, die noch dadurch verringert ist, daß der Sollwert etwa 70 min nach der Aktualtemperatur bestimmt wurde, ergibt sich ein unterschiedlicher Kurvenabstand zu verschiedenen Tageszeiten. Die tagesrhythmische Schwankung dieses Abstandes hat eine gesicherte Amplitude. Wie Abb. 8 zeigt, fallen so ermittelter Sollwert und aktuelle Kerntemperatur nur bei der 20-Uhr-Untersuchung während der tagesrhythmischen Entwärmungsphase mit zugleich minimaler Streuung der Differenzen zusammen, während die Aktualtemperatur zu allen anderen Zeitpunkten unterhalb des Sollwertes liegt.

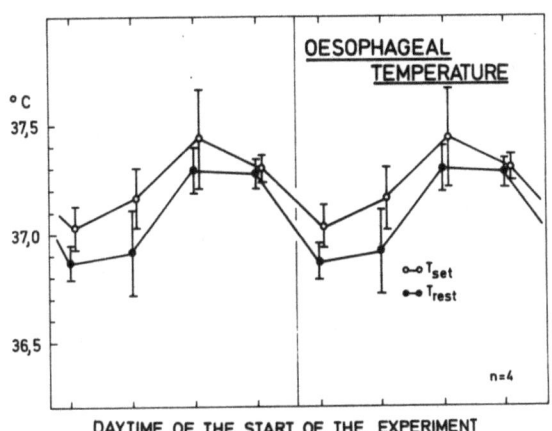

Abb. 7. Mittlerer Tagesgang der durch Verhaltensantworten ermittelten Sollwerttemperatur (offene Kreise) und des Ruheausgangswertes der Ösophagustemperatur (geschlossene Kreise)

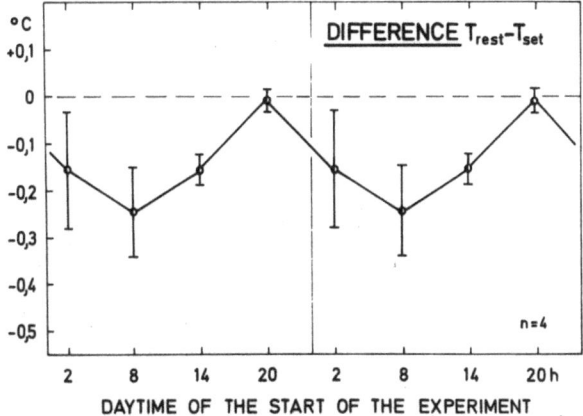

Abb. 8. Mittlerer Tagesgang der Abweichung der Ösophagustemperatur von der Sollwerttemperatur

Diskussion

Die Ergebnisse der Ruhewertmessungen entsprechen dem Konzept von zwei gegensinnigen Phasentendenzen der Thermoregulation im Tagesgang mit einer ergotropen Aufheizungsphase in der ersten Tageshälfte und einer trophotropen Entwärmungsphase in der zweiten Tageshälfte. Auch die voraneilenden tagesrhythmischen Änderungen des Sollwertes der Körpertemperatur stehen damit im Einklang.

Die Effektivität der autonomen thermoregulatorischen Gegenmaßnahmen im warmen Bade ist wegen der von uns gewählten Versuchsanordnung nicht sinnvoll zu bewerten. Die tagesrhythmischen Unterschiede der Wärmeaufnahme sind unter diesen Bedingungen als mehr passive Folge der wechselnden Gradienten und des unterschiedlichen Wärmeinhalts der Körperschale zu verstehen.

Im kalten Bade sind aber außer dem Aufbau besonderer axialer Temperaturgradienten an den Extremitäten die autonomen thermoregulatorischen Kompensationsmechanismen kaum behindert. Die Effektivität dieser Bemühungen ist, gemessen am Kerntemperaturminimum und am Endniveau nach 30 min Kaltbad, in der ersten Tageshälfte größer als in der zweiten.

Im Gegensatz dazu hat der motivationale Antrieb für die untersuchten Verhaltensantworten, hier Abkühlungsbedürfnis pro Kerntemperaturanstieg, sein Maximum in der zweiten Tageshälfte. Obwohl unterschiedliche Schwellen für die mehr operationalen Reaktionen und für die affektive Bewertung von thermischen Reizen zu erwarten sind, haben beide Verhaltensantworten den gleichen Tagesgang. Auch die subjektive Komfortbewertung der Testtemperaturen hat in der zweiten Tageshälfte das Maximum der Empfindlichkeit, während das Minimum wiederum in der ersten Tageshälfte liegt.

Physiologische und psychologische Mechanismen der Thermoregulation haben somit gegenläufige Tagesgänge ihrer Effektivität. Während die autonomen Kompensationsbemühungen in der ersten Tageshälfte besonders wirksam sind, erweisen sich die Verhaltensreaktionen in der zweiten Tageshälfte als maximal empfindlich. Ordnet man diesem relativen Wechsel des thermoregulatorischen Modus die in Abb. 8 beschriebene Differenz von Sollwert und aktueller Kerntemperatur mit den oben genannten Einschränkungen zu, dann erscheint die Gesamtthermoregulation zu den Zeiten effektiver, wo die Verhaltensregulation am empfindlichsten ist.

Das an Tieren gefundene reziproke bzw. komplementäre Verhältnis von autonomer und Verhaltensregulation (Corbit u. Mitarb. 1970) kann sicher nicht ohne weiteres auf den Menschen übertragen werden, zumal für den Menschen Überwärmung und Unterkühlung grundsätzlich unterschiedliche Bedeutung haben. Das hat zur Folge, daß auch bei der Sequenz der eingesetzten thermoregulatorischen Mittel, nämlich autonome und Verhaltensregulationen, prinzipielle Unterschiede bestehen. Bei der Kälteabwehr des Menschen werden autonome Regulationen erst dann benötigt, wenn die Kapazität der Verhaltensregulation überschritten ist. Bei der Wärmeabwehr dagegen werden erst nach Insuffizienz der autonomen Mechanismen Verhaltensreaktionen erforderlich (Benzinger 1970; Hardy 1970). So wirkt während der Entwärmungsphase des

Organismus eine gesteigerte Empfindlichkeit der Verhaltensregulation einer Auskühlung entgegen. Während der Aufheizungsphase des Organismus hat das Maximum der autonomen Regulation eine entsprechende Wirkung.

Gemäß unseren präliminären Ergebnissen wäre in der Praxis zu fordern, daß wegen der geringeren Wirksamkeit autonomer Reaktionen und wegen der optimalen Empfindlichkeit der Verhaltensreaktionen während der zweiten Tageshälfte am Arbeitsplatz den Wünschen nach entsprechender Klimatisierung und thermischer Schutzbekleidung noch sorgfältiger entsprochen werden müßte als in der ersten Tageshälfte.

Literatur

Aschoff, J. (1955): Der Tagesgang der Körpertemperatur beim Menschen. Klin. Wschr. 33, 545–551.

Aschoff, J. (1958): Hauttemperatur und Hautdurchblutung im Dienst der Temperaturregulation. Klin. Wschr. 36, 193–202.

Aschoff, J. (1967): Die minimale Wärmedurchgangszahl des Menschen am Tage und in der Nacht. Pflügers Arch. 295, 184–196.

Aschoff, J., Bieberach, H., Heise, A., Schmidt, T. (1973): Daynight Variation in Heat Balance. In: J. L. Monteith und L. E. Mount (Ed.): Heat Loss from Animals and Man, pp. 147–172. London: Butterworths.

Bazett, H. C. (1949): Physiology of Heat Regulation and the Science of Clothing. (Ed.: L. H. Newburg), p. 109. Philadelphia-London: W. B. Saunders Comp.

Benzinger, T. H. (1970): Peripheral Cold Reception and Central Warm Reception, Sensory Mechanisms of Behavioural and Autonomic Thermostasis. In: J. D. Hardy, A. P. Gagge und J. A. J. Stolwijk (Ed.): Physiological and Behavioural Temperature Regulation, pp. 831–835. Springfield, Ill.: Ch. C Thomas.

Cabanac, M. (1969): Plaisire ou déplaisire de la sensation thermique et homéothermique. Physiol. Behav. 4, 359–364.

Corbit, D. (1970): Behavioural Regulation of Body Temperature. In: J. D. Hardy, A. P. Gagge und J. A. J. Stolwijk (Ed.): Physiological and Behavioural Temperature Regulation, pp. 777–801. Springfield, Ill.: Ch. C Thomas.

Damm, F., Döring, G., Hildebrandt, G. (1974): Untersuchungen über den Tagesgang der Hautdurchblutung und Hauttemperatur unter besonderer Berücksichtigung der physikalischen Temperaturregulation. Z. Phys. Med. u. Rehab. 15, 1–5.

Fanger, P. O., Östberg, O., McK Nicholl, A. G., Breum, N. O., Jerking, E. (1974): Thermal comfort conditions during day and night. Europ. J. appl. Physiol. 33, 255–263.

Grandjean, E. (1967): Arbeitsgestaltung. 2. Aufl., pp. 228–237. Thun und München: Ott.

Hardy, J. D. (1970): Thermal Comfort: Skin Temperature and Physiological Thermoregulation. In: J. D. Hardy, A. P. Gagge und J. A. J. Stolwijk (Ed.): Physiological and Behavioural Temperature Regulation, pp. 856–873. Springfield, Ill.: Ch. C Thomas.

Hildebrandt, G. (1957): Über tagesrhythmische Steuerung der Reagibilität. Untersuchungen über den Tagesgang der akralen Wiedererwärmung. Arch. Phys. Ther. 9, 292–303.

Hildebrandt, G. (1962): Biologische Rhythmen und ihre Bedeutung für die Bäder- und Klimaheilkunde. In: W. Amelung und A. Evers (Hrsg.): Handbuch der Bäder- und Klimaheilkunde, S. 730–785. Stuttgart: Schattauer.

Hildebrandt, G. (1974a): Circadian Variations of Thermoregulatory Response in Man. In: L. E. Scheving, F. Halberg und J. E. Pauly (Ed.): Chronobiology, pp. 234–240. Stuttgart: Thieme.

Hildebrandt, G. (1974b): Chronobiologische Grundlagen der sogenannten Ordnungstherapie. Therapiewoche 24, 3883–3901.

Hildebrandt, G., Engelbertz, P. (1953): Bedeutung der Tagesrhythmik für die Physikalische Therapie. Arch. Phys. Ther. 5, 160–170.

Hildebrandt, G., Engelbertz, P., Hildebrandt-Evers, G. (1954): Physiologische Grundlagen für eine tageszeitliche Ordnung der Schwitzprozeduren. Z. klin. Med. 152, 446–468.

Koe, K. F., Höfler, W., Lüders, K. (1968): Mittlere Hauttemperatur und periphere Extremitätentemperaturen bei den tagesrhythmischen Änderungen der Wärmeabgabe. Arch. Phys. Ther. 20, 221–226.

Menzel, W. (1962): Menschliche Tag-Nacht-Rhythmik und Schichtarbeit. Basel–Stuttgart: Benno Schwabe & Co.

Richet, Ch. (1898): Chaleur. In: Dictionnaire de Physiologie. Bd. III, 81–203.

Smith, R. E. (1969): Circadian variation in human thermoregulatory responses. J. appl. Physiol. 26, 554–560.

Strempel, H. (1975): Der Tagesgang der Cold-Pressor-Reaktion unter Ausschluß von Kältehabituation. Z. Phys. Med. 5, 37–41.

Thimbal, J., Colin, J., Boutelier, C., Gieu, J. D. (1972): Bilan thermique de l'homme en ambiance contrôlée pendant 24 heures. Pflügers Arch. 335, 97–108.

Weh, W. (1973): Tageszeitliche Wirkungsunterschiede des Obergusses nach Kneipp. Ein Beitrag zur Tagesrhythmik der Temperaturregulation. Med. Inaug.-Diss. Marburg/Lahn.

Anschrift der Verfasser: Dr. H. Strempel und Prof. Dr. G. Hildebrandt, Institut für Arbeitsphysiologie und Rehabilitationsforschung der Universität Marburg/Lahn, Ketzerbach 21 1/2, D-3550 Marburg/Lahn, Bundesrepublik Deutschland, und Prof. Dr. M. Cabanac und Dr. B. Massonnet, Laboratoires de Physiologie der Claude Bernard-Universität, Lyon, Frankreich.

Tagesrhythmische Schwankungen der visuellen und vegetativen Lichtempfindlichkeit beim Menschen[*]

Rita Knoerchen, Eva-Maria Gundlach und G. Hildebrandt

Institut für Arbeitsphysiologie und Rehabilitationsforschung der Universität Marburg/Lahn

Mit 8 Abbildungen

Spontanschwankungen der visuellen und vegetativen Lichtempfindlichkeit sind arbeitsmedizinisch von besonderem Interesse, einerseits wegen der großen Bedeutung der visuellen Fähigkeiten für Arbeitssicherheit und Arbeitsleistung, andererseits aber auch wegen der immer noch nicht hinreichend geklärten Rolle optisch-vegetativer Reaktionen für die Synchronisation der Circadianrhythmik des Menschen. Während der letzten Jahre konnte nicht nur bei Tieren, sondern auch beim Menschen wiederholt gezeigt werden, daß gegenüber den verschiedensten Reizen erhebliche tagesrhythmische Schwankungen der Empfindlichkeit und Toleranz bestehen.

Methodik

Um circadiane Einflüsse auf die Leistungen des visuellen Systems zu untersuchen, wurden bei 7 Versuchspersonen Dunkeladaptationsprüfungen nach jeweils definierter Vorbelichtung von 3000 Apostilb für 10 min vorgenommen. Gleichzeitig wurden neben anderen Funktionsgrößen die Blendempfindlichkeit und – zur Kontrolle des Vigilanzgrades – die optische Reaktionszeit gemessen. Zwischen den einzelnen Untersuchungsterminen, die 3stündigen Abstand hatten, hielt sich der Proband in dem vollkommen abgedunkelten Raum im Bett liegend auf.

Die Schwankungen der optisch-vegetativen Lichtempfindlichkeit wurden bei 5 gesunden männlichen Probanden untersucht, indem der Einfluß einer definierten Belichtung der Netzhaut auf die Zahl der Eosinophilen im zirkulierenden Blut, auf die Cortisolausscheidung im Urin sowie auf die Herzfrequenz zu verschiedenen Tageszeiten geprüft wurde. Die einzelnen Untersuchungen erfolgten für jede Versuchsperson in wöchentlichen Abständen, wobei der Beginn in zufälliger Reihenfolge um 4, 8, 12, 16, 20 und 24 Uhr angesetzt wurde. Sie bestanden jeweils aus einer 8stündigen Dunkelperiode und einer nachfolgenden Belichtungszeit von 4 Stunden Dauer. (Weitere Einzelheiten der Methodik s. Hildebrandt und Lowes 1972).

---

[*] Aus dem Sonderforschungsbereich 122 „Adaptation und Rehabilitation" der Deutschen Forschungsgemeinschaft.

Ergebnisse

1. Visuelle Lichtempfindlichkeit

Als Bewertungsgrundlage für die bei der Dunkeladaptation gemessene Lichtsinnschwelle diente das jeweilige Gesamtprodukt der im Adaptometer (n. Schober) eingebauten Schwächungseinrichtungen (Irisblende, Schlitzblende, Graufilter), wobei größere Werte einer höheren Schwelle entsprechen. Bei der

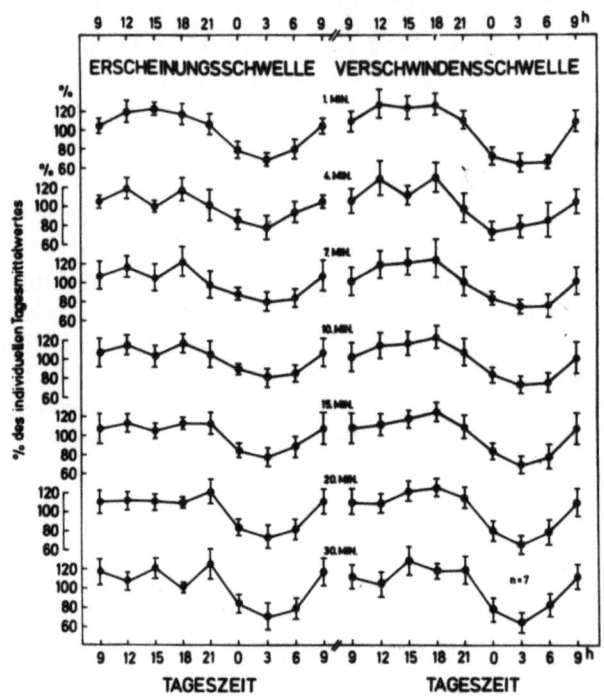

Abb. 1. Mittlerer prozentualer Tagesgang von Erscheinungsschwelle (links) und Verschwindensschwelle (rechts) im Verlauf der Dunkeladaptation. Der besseren Übersicht wegen wurden nur die 1., 4., 7., 10., 15., 20. und 30. Minute dargestellt. Die eingezeichneten Klammern geben den Bereich des Standardfehlers der Mittelwerte (σM) an

Darstellung der einzelnen Adaptationskurven fand sich erwartungsgemäß eine mehr oder weniger große Streuung der den Schwellenwerten entsprechenden Schwächungsfaktoren, für die sowohl psychologische als auch physiologische Ursachen in Betracht kommen. Zu ihrem Ausgleich haben wir eine graphische Glättung der Kurven vorgenommen, der weiteren Auswertung die für jede Minute graphisch ermittelten Schwellenwerte zugrunde gelegt und diese – wegen der z. T. sehr starken interindividuellen Niveauunterschiede – auch in Prozent des individuellen Tagesmittelwertes umgerechnet.

Abb. 1 zeigt den so gewonnenen mittleren Tagesgang von Erscheinungs- und Verschwindensschwelle im Verlauf der Dunkeladaptation, wobei der besseren Übersicht wegen nur die 1., 4., 7. Minute usw. dargestellt sind. Für beide Parameter findet sich in allen Abschnitten des Adaptationsverlaufs ein ausgeprägter tagesrhythmischer Gang mit Minima im Bereich von 3 Uhr und Maxima im Bereich von 12 bis 18 Uhr, wobei häufig eine kurzzeitige geringe Schwellensenkung im Bereich von 15 Uhr auftritt („Mittagssenke"). Die Tagesamplituden betragen zwischen 30 und 60% des Tagesmittels und sind bei allen Kurven statistisch signifikant.

In Abb. 2 ist für die beiden Untersuchungstermine, die dem Minimum bzw. Maximum der Lichtsinnschwelle entsprechen (3 und 18 Uhr), der mitt-

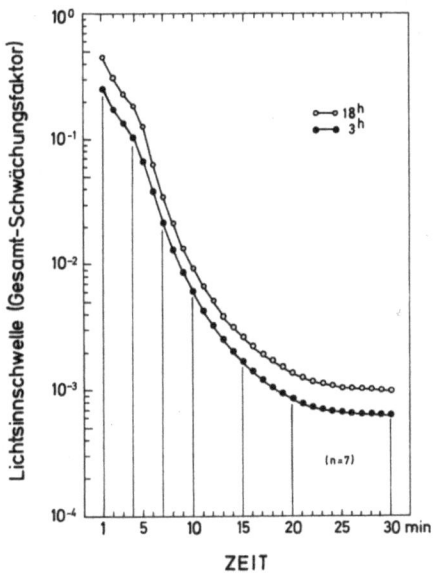

Abb. 2. Mittlerer Verlauf der Dunkeladaptationskurve um 18 (O–O) und 3 Uhr (●–●) (entsprechend dem Maximum und Minimum der Lichtsinnschwelle) im halblogarithmischen Maßstab unter Zugrundelegung der aus Erscheinungs- und Verschwindensschwelle gemittelten Werte. Die senkrechten Linien entsprechen den in Abb. 1 dargestellten Minuten

lere Adaptationsverlauf der aus Erscheinungs- und Verschwindensschwelle gemittelten Schwächungsfaktoren im einzelnen dargestellt. Dabei zeigt sich, daß nachts um 3 Uhr die gesamte Adaptationskurve auf einem niedrigeren Niveau der Schwellenwerte verläuft. Der dieser Niveaudifferenz entsprechende Zeitunterschied beträgt während der ersten Minuten der Adaptationszeit 1–2 Minuten, d. h. nachts wird ein Lichtreiz von gleicher Intensität, der am Tage erst in der 2.–3. Minute erkennbar wird, schon in der 1. Minute erkannt. Nach dem Kohlrausch'schen Knick, der im Bereich der 4. und 5. Adaptationsminute angedeutet ist, wird diese Zeitdifferenz zwischen den beiden Kurven zunächst geringer, um dann aber im weiteren Verlauf stark zuzunehmen. So wird z. B. die am Tage in der 30. Minute der Dunkeladaptation gemessene Lichtempfindlichkeit in der Nacht bereits vor der 20. Minute erreicht.

Der Übergang vom Zapfen- zum Stäbchensehen, der sogenannte Kohlrausch'sche Knick, wurde anhand der graphischen Darstellung aller Einzelkurven ermittelt, und zwar sowohl hinsichtlich Schwellenintensität als auch Zeitabstand vom Beginn der Dunkeladaptation. In Abb. 3 (oben) ist das mittlere Verhalten beider Meßgrößen im Tagesgang dargestellt. Auch hier finden sich tageszeitliche Schwankungen von signifikanter Amplitude. Während aber der Tagesgang der Intensitätswerte für den Kohlrausch'schen Knick im wesentlichen dem der Lichtsinnschwelle entspricht, findet sich für das zeitliche Auftreten des Knicks eine unerwartete Phasenverschiebung um mehrere Stunden.

Um abzugrenzen, inwieweit auch die tagesrhythmischen Schwankungen des weiteren Adaptationsverlaufs lediglich auf eine Niveauverschiebung zurückzu-

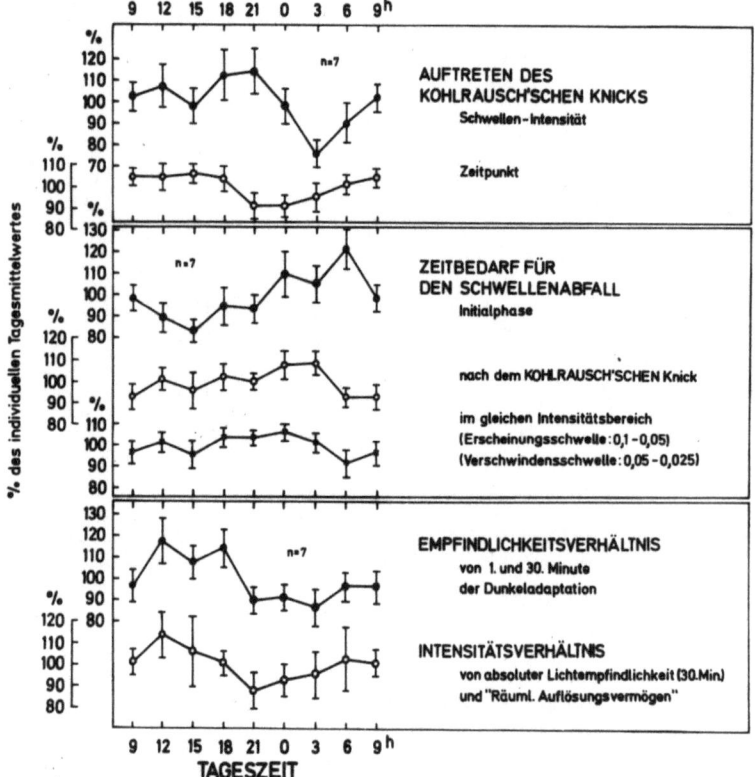

Abb. 3. *Oben:* Mittlerer Tagesgang des intensitätsabhängigen (●—●) und zeitlichen (○—○) Auftretens des Kohlrausch'schen Knicks. *Mitte:* Mittlerer Tagesgang des Zeitbedarfs für den Lichtsinnschwellenabfall direkt nach Beginn der Dunkeladaptation (●—●) sowie direkt im Anschluß an den Kohlrausch'schen Knick (○—○), jeweils bis zur halben Lichtintensität hin. Ferner ist der mittlere Tagesgang des Zeitbedarfs für den Lichtsinnschwellenabfall im absolut gleichen Intensitätsbereich (×—×) eingezeichnet, wobei für die Erscheinungsschwelle der Bereich von 0,1–0,05, für die Verschwindensschwelle der Bereich von 0,05–0,025 gewählt wurde. *Unten:* Mittlerer Tagesgang des aus Schwellenausgangswert (1. Minute) und Schwellenendwert (30. Minute) der Dunkeladaptation gebildeten Quotienten (●—●) sowie des Intensitätsverhältnisses von Schwellenendwert und „Räumlichem Auflösungsvermögen" (○—○). Sämtliche Werte wurden als Mittel aus Erscheinungs- und Verschwindensschwelle und jeweils in Prozent des individuellen Tagesmittelwertes berechnet. Die eingezeichneten Klammern geben den Bereich des Standardfehlers der Mittelwerte an

führen sind, oder, ob sich das Zeitverhalten selber dabei verändert, haben wir auch die Steilheit, d. h. den Zeitbedarf des Lichtsinnschwellenabfalls sowohl direkt nach der Dunkeladaptation als auch nach dem Kohlrausch'schen Knick bis jeweils zur halben Lichtintensität hin für die Erscheinungs- und Verschwindensschwelle gemessen. Des weiteren wurde auch der Zeitbedarf des Abfalls im absolut gleichen Intensitätsbereich, und zwar bei der Erscheinungsschwelle von 0,1–0,05, bei der Verschwindensschwelle von 0,05–0,025 bestimmt. Durch dieses Vorgehen wurde einerseits der Zeitbedarf im quasi line-

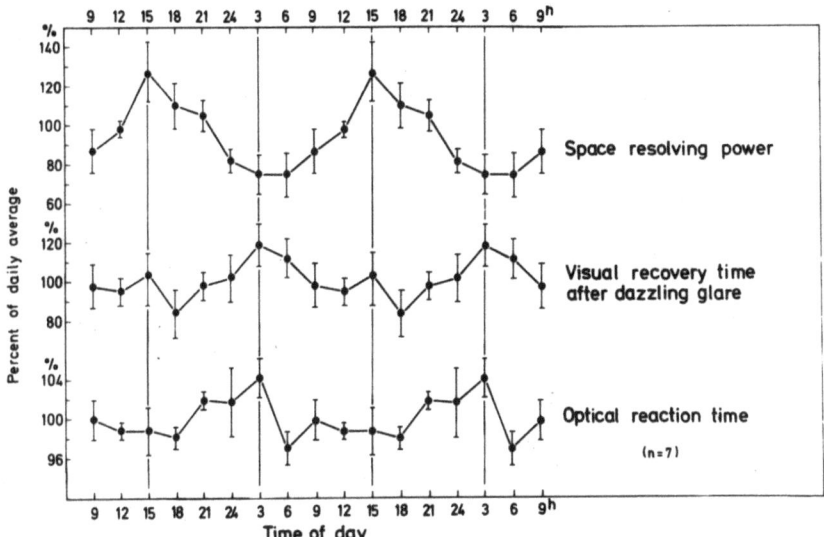

Abb. 4. Mittlerer tageszeitlicher Verlauf der zur Erkennung des Landolt-Ringes erforderlichen Schwächungsfaktoren („Räumliches Auflösungsvermögen"), der Readaptationszeit nach Blendung und der optischen Reaktionszeit. Zur besseren Übersicht sind die Tagesgänge zweimal hintereinander aufgetragen. Die eingezeichneten Klammern geben den Bereich des Standardfehlers der Mittelwerte an

aren Anteil der Kurven erfaßt, andererseits der Kohlrausch'sche Knick ausgespart. Der mittlere Tagesgang dieses Zeitbedarfs hat eine signifikante Amplitude und ist im mittleren Teil der Abb. 3 dargestellt. Demnach ist die Adaptationsgeschwindigkeit nachts mit dem Tagesminimum zwischen 0 und 6 Uhr am geringsten, während das Maximum am Vormittag durchlaufen wird. Allerdings bestehen Phasenverschiebungen zwischen den Änderungen des Zeitbedarfs vor und nach dem Kohlrausch'schen Knick.

Ein prinzipiell ähnliches Verhalten wie die Adaptationsgeschwindigkeit zeigt der Tagesgang, der gegenüber dem Ausgangswert (1. Minute) nach 30 min erreichten mittleren Empfindlichkeitssteigerung, deren Kurvenverlauf im unteren Teil der Abb. 3 eingezeichnet ist. Ferner weist die Kurve des aus Schwellen-Endwert (30. Minute) und „Räumlichem Auflösungsvermögen" gebildeten Schwellen-Intensitäts-Verhältnisses einen Tagesgang von ähnlicher Phasenlage auf.

Das „Räumliche Auflösungsvermögen", d. h. die im dunkeladaptierten Zustand zur Erkennung eines Landolt-Ringes erforderlichen Schwächungsfaktoren, ist in Abb. 4 (oben) wiederum im mittleren prozentualen Tagesgang dargestellt. Die Kurve zeigt mit ihrem Minimum um 3 Uhr und ihrem nachmittäglichen Maximum im wesentlichen eine Übereinstimmung mit dem Verlauf der Lichtsinnschwelle. Einen hierzu fast gegensinnigen Verlauf bietet die Mit-

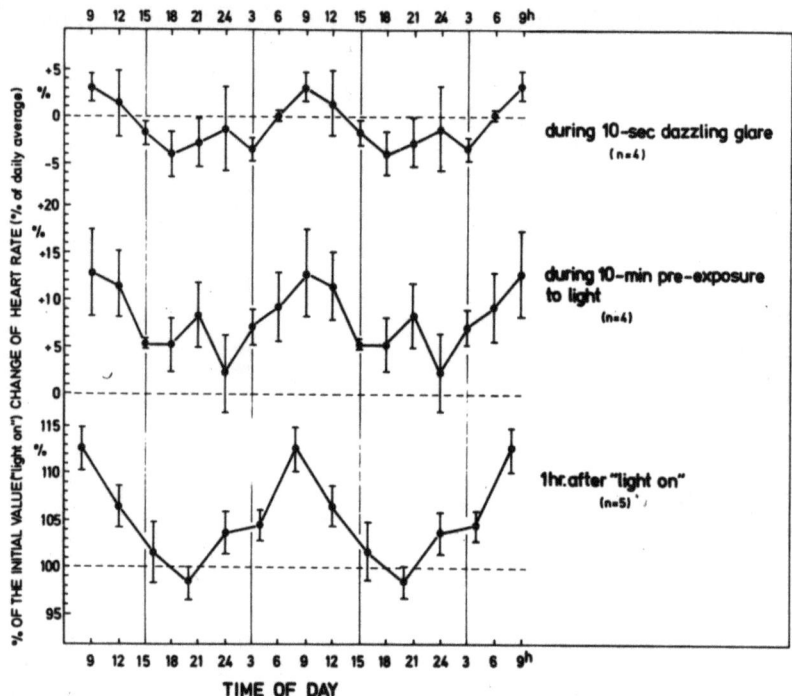

Abb. 5. Mittlerer tageszeitlicher Verlauf der Herzfrequenzänderung während verschiedener Belichtungsbedingungen, bezogen auf den Mittelwert der Pulsfrequenz während der letzten 10 Minuten der Dunkeladaptationsprüfung (obere und mittlere Kurve) bzw. auf den Mittelwert der letzten Dunkelstunde (untere Kurve). Der besseren Übersicht wegen sind die Tagesgänge zweimal hintereinander aufgetragen. Die eingezeichneten Klammern geben den Bereich des Standardfehlers der Mittelwerte an. *Obere Kurve:* Herzfrequenzänderung während der nach vorhergehender Dunkeladaptationsprüfung und Messung des „Räumlichen Auflösungsvermögens" insgesamt 8–10 min dauernden Bestimmung der Blendempfindlichkeit, während der der Proband 5 (–7) mal für die Dauer von jeweils 10 sec geblendet wurde. *Mittlere Kurve:* Herzfrequenzänderung während der 10 min dauernden Vorbelichtung nach jeweils etwa 2 Stunden Dunkelaufenthalt. *Untere Kurve:* Herzfrequenzänderung während der ersten Belichtungsstunde nach 8 Stunden Dunkelaufenthalt.
(Nach Hildebrandt und Lowes 1972)

telwertskurve der Readaptationszeit nach jeweils 10 sec Blendung (Abb. 4, Mitte). Hier findet sich das Maximum nachts gegen 3 Uhr, das Minimum um 18 Uhr mit einer vorhergehenden angedeuteten „Mittagssenke". Der untere Teil der Abb. 4 enthält weiterhin den mittleren Tagesgang der optischen Reaktionszeit, der mit dem bekannten Maximum in den Nachtstunden ein weitgehend paralleles Verhalten zum Gang der Readaptationszeit sowie zu den bereits dargestellten Tagesgängen der Adaptationsgeschwindigkeit und der Empfindlichkeitssteigerung aufweist.

2. Vegetative Lichtempfindlichkeit

Die bereits bei einem Teil unserer Probanden der ersten Versuchsreihe am Maß der Pulsfrequenzänderung mitbestimmte vegetative Reaktion auf Blen-

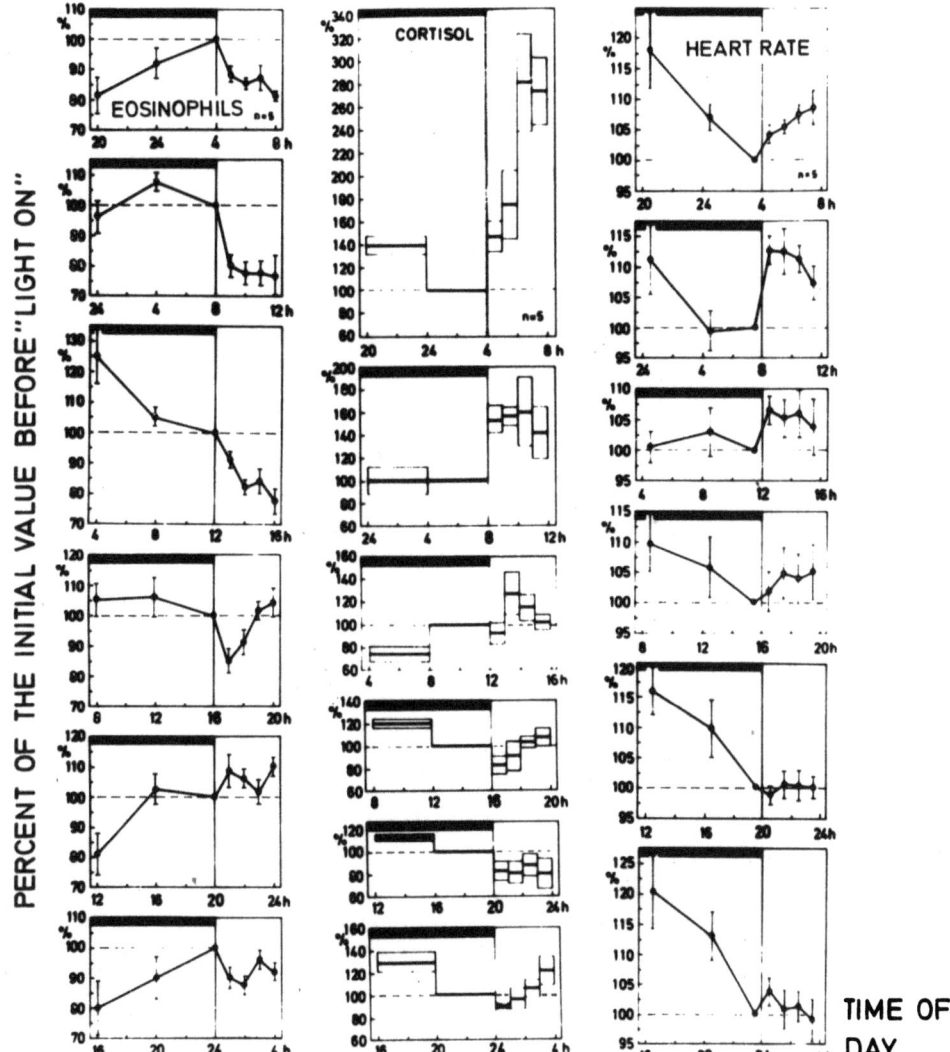

Abb. 6. Mittlerer Verlauf der Eosinophilenzahl, Cortisol-Ausscheidung und Herzfrequenz von 5 Versuchspersonen in 6 Untersuchungen mit einer jeweils 8stündigen Dunkelzeit und einer nachfolgenden Lichtexposition von 4 Stunden Dauer (500 Lux), geordnet nach dem Belichtungsbeginn. Die individuellen Werte der Eosinophilenzahl sind bezogen auf den Wert bei Belichtungsbeginn, die der Cortisol-Ausscheidung auf den Durchschnitt der letzten 4 Dunkelstunden und die der Herzfrequenz auf den Mittelwert der letzten Dunkelstunde. Die eingezeichneten Klammern geben den Bereich des Standardfehlers der Mittelwerte an. (Nach Hildebrandt und Lowes 1972)

dung sowie auf die Vorbelichtung ist in ihrem mittleren Tagesgang in Abb. 5 dargestellt. Abweichend von dem nächtlichen Maximum der visuellen Empfindlichkeit findet sich das Maximum der optisch-vegetativen Empfindlichkeit in den Morgenstunden gegen 9 Uhr. Dieses Ergebnis konnte in der zweiten Testserie, in der noch weitere vegetative Funktionen gemessen wurden, bestätigt werden, wie aus dem unteren Teil der Abbildung anhand der Herzfrequenzzunahme hervorgeht.

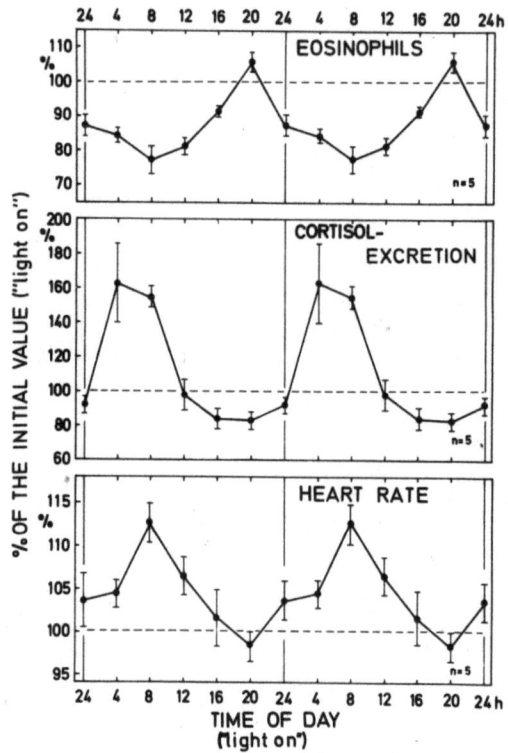

Abb. 7. Mittlerer Verlauf der Änderungen der Eosinophilenzahl nach 2 Stunden Belichtung, der Cortisol-Ausscheidung im Durchschnitt der ersten 2 Belichtungsstunden sowie der Herzfrequenz während der ersten Belichtungsstunde nach 8 Dunkelstunden bei 5 Versuchspersonen, der besseren Übersicht wegen zweimal hintereinander aufgetragen. Die Eichung der Ordinate entspricht der in Abb. 6. Die eingezeichneten Klammern geben den Bereich des Standardfehlers der Mittelwerte an. (Nach Hildebrandt und Lowes 1972)

Abb. 6 zeigt das gesamte Ergebnis dieser zweiten Untersuchungsreihe. Dargestellt sind die mittleren Verläufe der Eosinophilenzahl, Cortisol-Ausscheidung und Herzfrequenz in den 6 Einzeluntersuchungen, die nach dem Beginn der Lichtexposition geordnet sind. Alle drei Parameter zeigen beträchtliche tageszeitliche Schwankungen mit Maxima in den Morgenstunden, also zur Zeit des natürlichen Lichtbeginns, und im Gegensatz hierzu die Minima am Abend. Um die Phasenbeziehungen zwischen den drei Funktionsgrößen näher zu untersuchen, sind in Abb. 7 die mittleren Tagesgänge dieser Reaktionsgrößen dargestellt. Wie daraus hervorgeht, stimmen Maxima und Minima von Eosinophilenzahl und Herzfrequenz bei Belichtungsbeginn um 8 bzw. 20 Uhr überein, während die Extremwerte der Cortisol-Ausscheidung einige Stunden früher zu liegen scheinen.

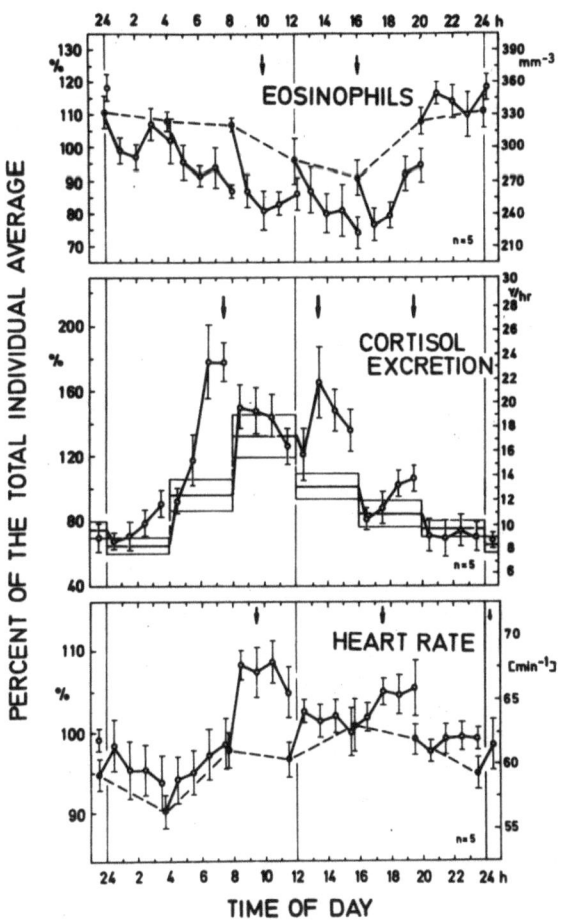

Abb. 8. Mittlerer Tagesgang der Ausgangswerte der Eosinophilenzahl, Cortisol-Ausscheidung und Herzfrequenz am Ende der Dunkelperioden zusammen mit den nachfolgenden Lichtreaktionen. Alle Werte ausgedrückt in Prozent des individuellen Gesamtmittels. Die entsprechenden Absolutwerte sind an der rechten Ordinate aufgetragen. Die eingezeichneten Klammern geben den Bereich des Standardfehlers der Mittelwerte an. Die Pfeile kennzeichnen die Maxima der überlagerten reaktiven Periodik. (Nach Hildebrandt und Lowes 1972)

Schon in Abb. 6 läßt der Verlauf der Meßwerte während der 8stündigen Dunkelzeit spontane tageszeitliche Schwankungen erkennen. Daher sind in Abb. 8 die mittleren Tagesgänge der Ausgangswerte von Eosinophilenzahl, Cortisol-Ausscheidung und Herzfrequenz am Ende der Dunkelperioden zusammen mit den nachfolgenden Lichtreaktionen dargestellt, wobei alle Werte auf das individuelle Gesamtmittel aller Untersuchungen bezogen sind. In der

Tat zeigen die initialen Werte, die vom Licht unbeeinflußt sind, bei allen drei Funktionsgrößen einen spontanen Tagesrhythmus von signifikanter Amplitude und normaler Phasenlage, obwohl die einzelnen Untersuchungsabschnitte des Tagesgangs in wöchentlichen Abständen gewonnen wurden.

Vergleicht man den Tagesgang der Lichtreaktionen mit dem ungestörten Tagesrhythmus der Funktionen hinsichtlich der Phasenlage, so zeigt sich, daß das Hauptmaximum der Lichtreaktion nicht mit dem Maximum des spontanen Tagesrhythmus dieser Funktionen zusammenfällt, sondern im Zeitraum ihrer steilsten gleichsinnigen Änderung liegt. Diese Zuordnung entspricht einer Phasendifferenz von etwa 90° zwischen der Empfindlichkeitsschwankung und dem Tagesrhythmus der Ausgangswerte. Hieraus kann geschlossen werden, daß die optisch-vegetative Empfindlichkeit nicht statisch vom jeweiligen Ausgangswert abhängt, sondern dynamisch von der Phasenrichtung bzw. -steilheit des spontanen Tagesrhythmus beeinflußt wird.

Diskussion

Die tagesrhythmische Empfindlichkeitsschwankung des optisch-vegetativen Systems stellt eine wichtige endogene Voraussetzung für die mögliche Funktion des tagesperiodischen Lichtwechsels als eines Zeitgebers der circadianen Rhythmik dar. Ein solches Zeitverhalten der Reagibilitätsschwankung könnte zur Stabilisierung der natürlichen Phasenbeziehung zwischen dem biologischen Rhythmus und dem Umwelt-Rhythmus genutzt werden. Daß die beobachteten vegetativen Reaktionen durch den Lichteinfall hervorgerufen sind und nicht Aufwacheffekte darstellen, ergibt sich schon aus den gleichsinnigen Blendungsreaktionen im Wachzustand und entspricht auch früheren Erfahrungen (vgl. dazu Aschoff u. Mitarb. 1975).

Die von den Reagibilitätsschwankungen abweichende Phasenlage der visuellen Lichtempfindlichkeit zeigt einerseits, daß das Maximum der Reagibilität am frühen Morgen nicht auf eine maximale visuelle Lichtempfindlichkeit zurückgeführt werden kann, andererseits, daß der Bereichseinstellung der Sinnesorgane ein anderer Steuerungsmechanismus des circadianen Systems zugrunde liegt als der vegetativen Empfindlichkeit. Überträgt man das Prinzip der Bereichseinstellung auf andere Sinnesmodalitäten, z. B. auf die Schmerzempfindung, so wäre auch hier, bei Annahme eines gemeinsamen Steuerungsmechanismus, eine nächtliche Schwellenerniedrigung zu erwarten. Dies ist in der Tat der Fall, wie aus den Untersuchungen von Pöllmann u. Mitarb. (1974) zu entnehmen ist. Weitere Untersuchungen, wie etwa des Tagesgangs der Schallempfindlichkeit, sind noch erforderlich, zumal die akustische Adaptation nach den Ergebnissen von Pöppel (1968), ähnlich wie in unseren Untersuchungen die Geschwindigkeit der visuellen Adaptation, ein nächtliches Minimum aufweist.

Die tagesrhythmischen Schwankungen der visuellen Lichtempfindlichkeit führen wir überwiegend auf nerval-autonome Efferenzen zurück, während photochemische, physikalische und hormonale Faktoren nur eine untergeordnete Rolle spielen (Knoerchen und Hildebrandt 1975). Es handelt sich also hierbei um einen vigilanzunabhängigen, zentralen Prozeß. Initiale Adaptationsgeschwindigkeit und Ausmaß der Empfindlichkeitssteigerung scheinen dagegen vom Vigilanzniveau beeinflußt zu werden. Die nahezu parallel verlaufenden Tagesgänge dieser Funktionsgrößen zum Tagesgang der Vigilanz sprechen jedenfalls für diese Annahme. Ebenso führen wir den Tagesgang der Readaptationszeit nach Blendung, der gleichsinnig dem der Adaptationsgeschwindigkeit bzw. dem der Reaktionszeit verläuft, auf die tagesrhythmischen Schwankungen der Vigilanz zurück. Demnach ist also die Readaptationszeit, im Gegensatz zur visuellen Lichtempfindlichkeit, als ein vigilanzabhängiger Vorgang zu betrachten.

Die gewonnenen Ergebnisse sind im übrigen nicht nur von theoretischem, sondern auch von praktischem Interesse. So schläft z. B. ein Nacht- oder Schichtarbeiter überwiegend am Tage, meistens in den Vormittagsstunden, wenn die vegetative Reagibilität ihr Maximum durchläuft. Reaktive Störungen des Schlafs sowie des Vegetativums bzw. seines spontanen Tagesrhythmus können die Folge sein, was auch von anderen Autoren bereits bestätigt werden konnte. Ferner sollte das von uns gefundene nächtliche Maximum der visuellen Licht- und Blendempfindlichkeit bei der Gestaltung der Beleuchtungsverhältnisse am Arbeitsplatz und vor allem im Bereich der Unfallforschung und Unfallverhütung berücksichtigt werden.

Literatur

Aschoff, J., Hoffmann, K., Pohl, H., Wever, R. (1975): Re-entrainment of circadian rhythms after phase-shifts of the Zeitgeber. Chronobiologia 2, 23–78.

Grundlach, E.-M. (1974): Tagesrhythmische Schwankungen der vegetativen Lichtreaktion und ihre Bedeutung für die Synchronisation des circadianen Systems beim Menschen. Med. Inaug.-Diss. Marburg/Lahn.

Hildebrandt, G., Lowes, E.-M. (1972): Tagesrhythmische Schwankungen der vegetativen Lichtreaktionen beim Menschen. J. interdiscipl. Cycle Res. 3, 289–301.

Knoerchen, R. (1974): Tagesrhythmische Schwankungen der Dunkeladaptation beim Menschen. 8. Tagung d. Arbeitsgem. hess. Lehrstühle f. Arbeitsmed., Bad Berleburg (unveröff.).

Knoerchen, R., Hildebrandt, G. (1974): Tagesrhythmische Schwankungen der Dunkeladaptation beim Menschen. Ergebnisber. E 15 des SFB 122, Marburg/Lahn.

Knoerchen, R., Gundlach, E.-M., Hildebrandt, G. (1974): Circadian variations of visual sensitivity and vegetative responsiveness to light in man. III. Int. Symp. on Night- and Shiftwork: Experimental Studies on Shiftwork. Dortmund (im Druck).

Knoerchen, R., Hildebrandt, G. (1975): Tagesrhythmische Schwankungen der visuellen Lichtempfindlichkeit beim Menschen. J. interdiscipl. Cycle Res. (im Druck).

Pöllmann, L., Hildebrandt, G., Schnell, H. (1974): Über die tagesrhythmischen Veränderungen der Schmerzschwelle und des „Dickenunterscheidungsvermögens" der Frontzähne. Dtsch. zahnärztl. Z. 29, 238–243.

Pöppel, E. (1968): Oszillatorische Vorgänge bei der menschlichen Zeitwahrnehmung. Philosoph. Inaug.-Diss. Innsbruck.

Anschrift der Verfasser: Dr. med. Rita Knoerchen, Dr. med. Eva-Maria Gundlach, Prof. Dr. med. G. Hildebrandt, Institut für Arbeitsphysiologie und Rehabilitationsforschung der Universität Marburg/Lahn, Ketzerbach 21 1/2, D-3550 Marburg/Lahn, Bundesrepublik Deutschland.

Tagesschwankungen der Pulsreaktion auf Schwerarbeit unter erhöhter Außentemperatur während einer Rettungsübung in verschiedenen Schutzanzügen (Vorläufige Mitteilung)

J. Tejmar und B. Neufang

Arbeitswissenschaftlicher Dienst, Saarbergwerke AG, Saarbrücken, Gesundheitshaus Hirschbach, Sulzbach/Saar

Mit 3 Abbildungen

In einer längeren Versuchsserie wurden die Vor- und Nachteile verschiedener Modelle von leichten Schutzanzügen ermittelt, wie sie von Grubenrettungsmannschaften gegen Verpuffungen mit kurzfristiger Flammenentwicklung benutzt werden, die jedoch nicht gegen längere Flammeneinwirkung schützen. Bei der Auswertung der Ergebnisse, die übrigens zu statistisch gesicherter Einordnung der geprüften Anzüge führten, ist aufgefallen, daß Reaktionen der Pulsfrequenz auf identische Tätigkeits- und Umweltanforderungen, wie sie im Versuchsverlauf vorgesehen waren, zu verschiedenen Zeiten der Frühschicht (7–14.30 Uhr) verschieden groß waren. Dieser Nebenbefund wurde auf seine statistische Zuverlässigkeit geprüft, dagegen ergab sich bisher keine Gelegenheit, die Messungen auf den gesamten Tageszyklus von 24 Stunden auszudehnen. Zu dieser vorläufigen Mitteilung sehen wir uns dadurch veranlaßt, daß die von uns getesteten Bedingungen einen betriebsnahen Ausschnitt aus einem realen Tätigkeitsablauf darstellen und die Befunde die Notwendigkeit einer Beachtung der Tagesrhythmik nahelegen.

Methodik

Durchschnittlich trainierte Mitglieder der Berufsgrubenwehr wurden nach einem ausgewogenen Zufallsschema zu den einzelnen Testleistungen eingeteilt und in üblicher Weise mit Schutzhandschuhen, -helm und -haube, -brille und dem Testanzug eingekleidet; die Beatmung erfolgte in einem geschlossenen Sauerstoffsystem über Respirationshalbmaske, wobei der Gasbehälter mit Patronen von insgesamt 12,5 kg Gewicht auf dem Rücken getragen wird. Die Männer wurden aus dem üblichen Bereitschaftsdienst abgestellt, bei dem größtenteils leichte Wartungs- und Nebentätigkeiten anfallen; sie hatten den Dienst jeweils am Vortag angetreten und hatten keine besonderen Diätvorschriften zu befolgen.

Die Testleistung in der Übungsstrecke mit überwachter Temperatur und Feuchte wurde in allen Fällen mit 50 Hüben eines 25 kg schweren Hammers über eine Rolle eingeleitet; unmittelbar nach dieser Kraftleistung wurde die Pulsfrequenz über weitere 5 Minuten telemetrisch erfaßt. Die Kraftleistung selbst sollte regelmäßig, im selbstgewählten Tempo erfolgen und nahm von 88 bis 116 sec in Anspruch, bei einzelnen Personen mit hoher persönlicher Konstanz. Nach erfolgter Beruhigung von 5 Minuten Dauer hatten die Probanden die weitere Übungsstrecke mit verschiedenen eingebauten Hürden zu passieren. Die dazu gehörenden Pulswerte sind jedoch weniger standardisiert – je nach der persönlichen Leistungsstrategie in der Versuchsstrecke – und wurden für die vorliegende Mitteilung nicht weiter analysiert.

Die Temperatur in der Versuchsstrecke wurde in Anlehnung an die einschlägigen bergbaupolizeilichen Vorschriften folgendermaßen gesteuert und graphisch überwacht:
In der Serie alpha: Trockentemperatur 37° C, Feuchttemperatur 27° C,
in der Serie beta: Trockentemperatur 37° C, Feuchttemperatur 29–32° C,
in der Serie gamma: Trockentemperatur 37° C, Feuchttemperatur 32–34° C.

Die genannten Vorschriften erlauben Rettungsarbeiten oder vergleichbare Übungstätigkeit über insgesamt 2 Stunden Verweildauer im Regime alpha, 90 Minuten in beta und 60 Minuten in gamma, sonst müßte eine Sondergenehmigung vom zuständigen Bergamt eingeholt werden. In den vorliegenden Ergebnissen finden jeweils zwei nachfolgende Erholungsphasen nach zwei Kraftleistungen innerhalb von 35 Minuten ihren Niederschlag. Zur Auswertung konnten nur Testleistungen gelangen, die zeitlich mit mehreren anderen zusammentrafen und somit eine statistische Bearbeitung erlaubten.

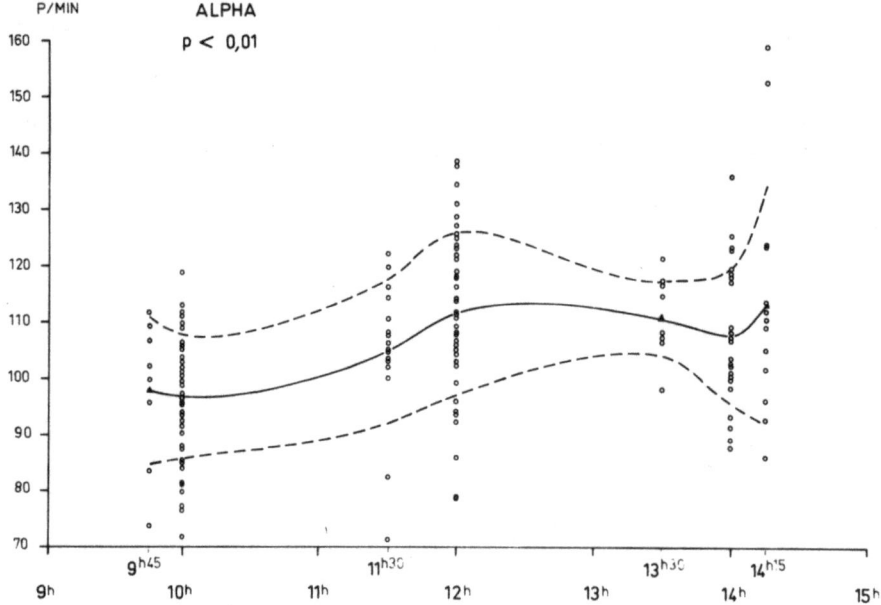

Abb. 1. Verhalten der Arbeitspulsfrequenz einer Probandengruppe (n = 8) zu verschiedenen Tageszeiten unter dem Belastungsregime alpha (37° C Trockentemperatur, 27° C Feuchttemperatur)

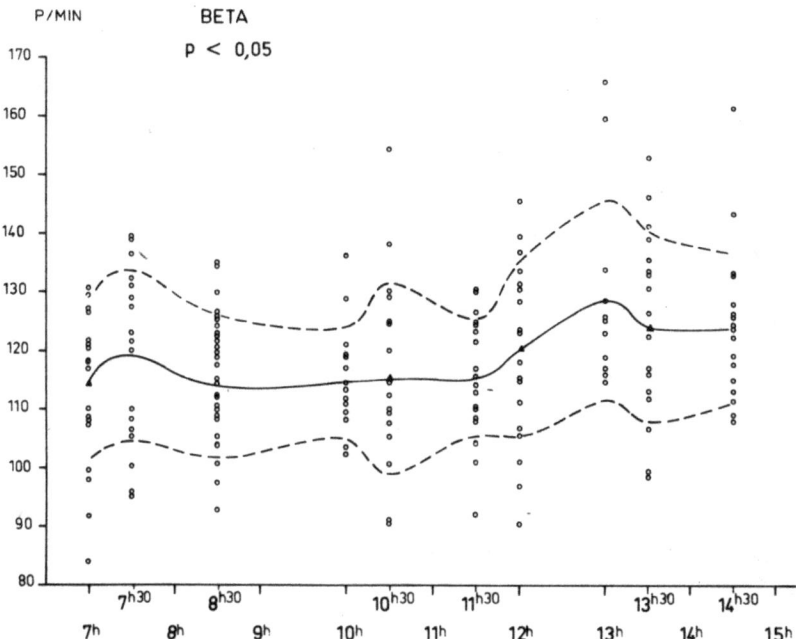

Abb. 2. Verhalten der Arbeitspulsfrequenz einer Probandengruppe (n = 8) zu verschiedenen Tageszeiten unter dem Belastungsregime beta (37° C Trockentemperatur, 29–32° C Feuchttemperatur)

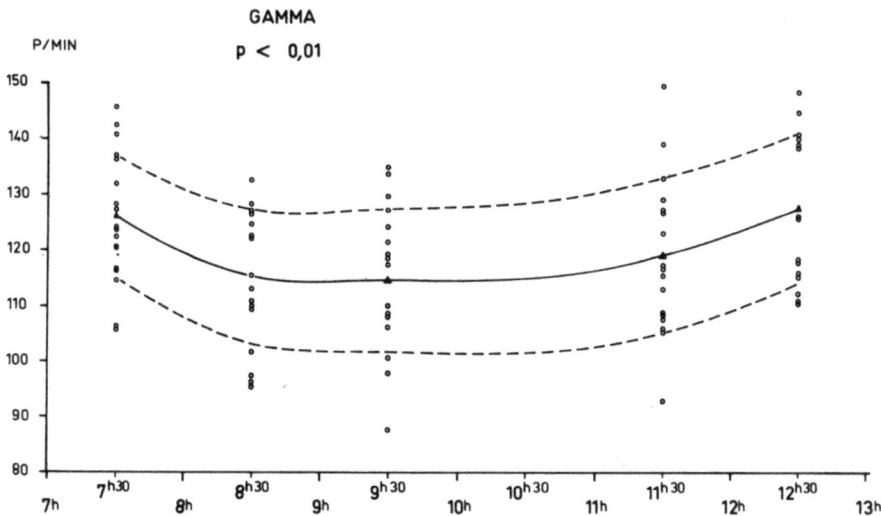

Abb. 3. Verhalten der Arbeitspulsfrequenz einer Probandengruppe (n = 6) zu verschiedenen Tageszeiten unter dem Belastungsregime gamma (37° C Trockentemperatur, 32–34° C Feuchttemperatur)

Ergebnisse

Die Ergebnisse sind mit der jeweiligen statistischen Irrtumswahrscheinlichkeit für die maximalen Unterschiede zwischen einzelnen Tagesstunden in Abb. 1 bis 3 übersichtlich wiedergegeben; die Zeichnungen zeigen – aufgrund der Berechnung mit dem Programm BMDO7D – den Verlauf der Mittelwerte in ununterbrochener Linie, die zugehörigen Standardabweichungen in unterbrochener. Für die größeren Unregelmäßigkeiten in Serie beta haben wir zunächst keine Erklärung. Beim Vergleich aller drei Bedingungen läßt sich jedoch mit hinreichender Zuverlässigkeit feststellen, daß die Pulsreaktion auf vergleichbare Anforderungen auch außerhalb von Laborbedingungen in der Zeit der höchsten Leistungsbereitschaft, also zwischen 9 und 10 Uhr, deutlich niedriger ausfällt als in den Mittagsstunden.

Besonderer Dank gebührt Herrn Michel für die statistische Bearbeitung und der Saarbergwerke AG für die Erlaubnis zur Verwendung der betrieblichen Daten.

Anschrift der Verfasser: Dr. J. Tejmar, B. Sc., Saarbergwerke AG, AS-Arbeitswissenschaftlicher Dienst, D-6603 Sulzbach-Hirschbach, Bundesrepublik Deutschland.

Der Einfluß der Tageszeit und des vorhergehenden Schlaf-Wach-Musters auf die Leistungsfähigkeit unmittelbar nach dem Aufstehen

Ann Fort und J. N. Mills[*]

Department of Physiology, University of Manchester

Mit 4 Abbildungen

Einleitung

Bei Schnelligkeits-Tests ist die Leistungsfähigkeit nach dem Aufstehen gewöhnlich schlechter als zu irgendeiner späteren Stunde des Tages. Diese geringere Leistungsfähigkeit kann auf circadiane Schwankungen oder auf den vorhergehenden Schlaf zurückgeführt werden. Frühere Untersucher haben sich bemüht, zwischen diesen beiden möglichen Ursachen dadurch zu unterscheiden, daß sie die Versuchspersonen für 24 Stunden oder länger wach hielten, um so den Einfluß des Schlafs auf die Leistungsfähigkeit zu eliminieren. Unter diesen Umständen bestanden die tagesrhythmischen Schwankungen des Leistungsniveaus weiter, nur die Amplitude war reduziert (Aschoff u. Mitarb. 1972). Es ist allerdings so, daß Schlafentzug ebenfalls die Leistungsfähigkeit der Versuchspersonen beeinflußt, sogar wenn nur wenige Stunden Schlaf fehlen (Hamilton u. Mitarb. 1972).

Die vorliegenden Untersuchungen stellen einen Versuch dar, den Einfluß der circadianen Schwankungen von dem des vorhergehenden Schlafes zu trennen, ohne dabei als zusätzlichen Störfaktor den Schlafentzug einzuführen. Die Versuchsanordnung bestand darin, den 8stündigen Schlaf der Versuchsperson in zwei Abschnitte von je 4 Stunden zu teilen und die Leistungsfähigkeit im Wachzustand nach dem Erwachen aus beiden Abschnitten zu messen.

Methodik

Versuchspersonen: An den Untersuchungen nahmen 5 Versuchspersonen teil, eine Gruppe von drei männlichen Probanden in einer ersten Versuchsreihe und zwei weibliche Probanden in einer zweiten Versuchsreihe. Die Untersuchungen fanden in einer Isolations-Einheit statt, die von Elliott u. Mitarb. (1972) beschrieben wurde.

Testverfahren: 1. Ziel-Test, eine verkürzte Version des von Moran und Mefferd (1959) angegebenen Tests. 2. Durchstreich-Test (Fort 1968). Die Auswertung beider Tests berücksichtigte eine Korrektur für den zunehmenden

---

[*] Deutsche Übersetzung von G. Hildebrandt und H. Strempel.

Übungserfolg, wie sie von Mills und Fort (1975) angegeben wurde. Die Ergebnisse wurden als mittlere Abweichung von der Regressionslinie, die den Übungserfolg darstellt, aufgetragen, wobei eine Abweichung nach unten eine Verminderung der Leistungsfähigkeit bedeutet. 3. Activation-Deactivation-Adjective-Checklist (AD-ACL; nach Thayer 1967) zur Einschätzung der subjektiven Müdigkeit.

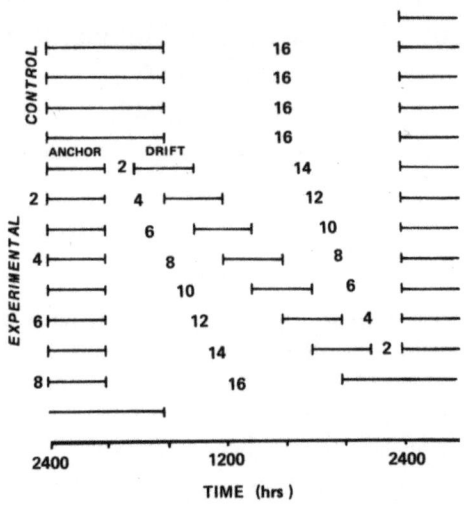

Abb. 1. Versuchsanordnung. Jede Zeile entspricht einem Tag. Schlafzeiten: ⊢———⊣ , Wachzeiten zwischen den beiden 4stündigen Schlafabschnitten in Stunden

Versuchsanordnung

Das Verteilungsmuster von Schlaf und Wachen, dem die Probanden während der Experimente zu folgen hatten, ist in Abb. 1 dargestellt. Nach Betreten der Isolations-Einheit verbrachten die Probanden vier Tage darin mit normaler Lebensweise. Sie durften zwischen 23.45 und 7.45 Uhr schlafen. Diese Tage dienten dazu, das normale tagesrhythmische Muster der Versuchspersonen und das zu erwartende Niveau der Leistungsfähigkeit sowie der selbstgeschätzten Müdigkeitsgrade zu bestimmen. Während der experimentellen Periode gingen die Versuchspersonen jede Nacht um 23.45 Uhr zu Bett und wurden um 3.45 Uhr geweckt. Die Zeit für den zweiten Schlafabschnitt wurde variiert. Am ersten experimentellen Tag lag sie zwischen 5.45 und 9.45 Uhr, und an den darauf folgenden Tagen wurde sie um jeweils 2 Stunden in den Tag hinein verschoben. Auf diese Weise verkürzte sich die Wachzeit vor dem ersten Abschnitt der Schlafzeit zwischen 23.45 und 3.45 Uhr, während sich die Wachzeit vor dem zweiten Schlafabschnitt verlängerte.

Während der Kontrollperiode führten die Versuchspersonen jeweils zweimal den Ziel-Test und den Durchstreich-Test sowie einen AD-ACL-Test durch, und zwar beim Aufstehen, um 12.00, 16.00 und 20.00 Uhr sowie unmittelbar vorm Zubettgehen; zusätzlich wurde der Durchstreich-Test um

10.00, 14.00 und 18.00 Uhr jeweils zweimal durchgeführt. Während der experimentellen Periode führten die Versuchspersonen die jeweils fünf Testdurchläufe unmittelbar nach dem Aufstehen durch und zusätzlich, um ihr Übungsniveau zu halten, auch zu denselben Tagesstunden wie an den Kontrolltagen, wenn sie zu den entsprechenden Zeiten wach waren. Darüber hinaus wurden während des Schlafes polygraphische Registrierungen durchgeführt, über die an anderer Stelle berichtet wird (Hume und Mills 1975).

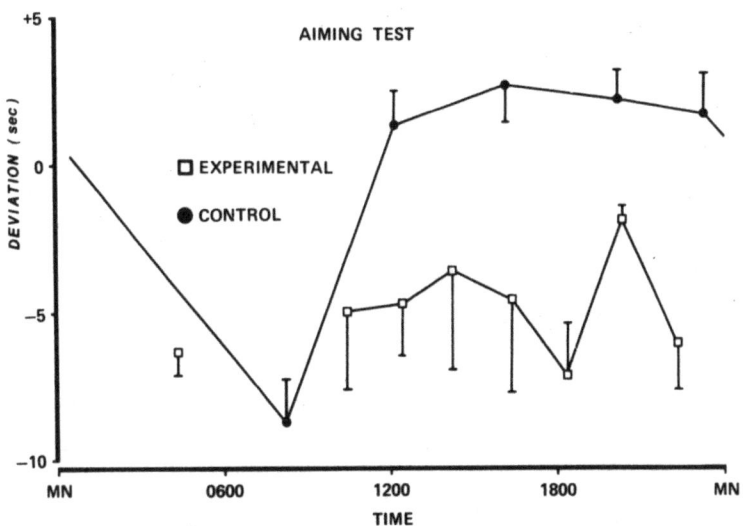

Abb. 2. Ergebnisse des Ziel-Tests. □: Mittlere Leistung nach dem Aufstehen an den experimentellen Tagen. ●: Mittlere Leistung an den Kontrolltagen. Die Klammern bezeichnen den Standardfehler

Ergebnisse

Abb. 2 zeigt den mittleren Tagesgang der Leistung im Ziel-Test für die fünf Probanden während der Kontrollperiode sowie die Mittelwerte, die nach dem Aufstehen während der experimentellen Periode gewonnen wurden. Letztere Werte liegen sämtlich niedriger als jene, die zur gleichen Tageszeit beobachtet wurden, wenn die Versuchspersonen bereits seit 7.45 Uhr wach waren. Dieser Unterschied war hoch signifikant ($p < 0{,}01$). Der Wert nach dem Aufstehen um 3.45 Uhr ist höher als der um 7.45 Uhr während der Kontrolltage, was überraschend erscheinen mag, da 3.45 Uhr ja den Mittelpunkt der Schlafzeit während der Kontrolltage darstellt. Dies könnte auf einer kürzeren Dauer des vorangehenden Schlafes beruhen. Die 3.45-Uhr-Werte waren jedoch signifikant niedriger als diejenigen Werte, die erhalten wurden, wenn die Versuchspersonen im späteren Verlauf des Tages nach 4 Stunden Schlaf erwachten.

Die Ergebnisse des Durchstreich-Testes sind in Abb. 3 dargestellt. Auch hier lagen die Ergebnisse beim Aufwachen zu verschiedenen Tageszeiten unter denjenigen, die während der Kontrolltage gewonnen wurden, mit Ausnahme der 10.00-Uhr-Werte. Auffällig ist weiterhin der stetige Abfall der Werte, wenn der Zeitpunkt des Erwachens weiter in den Tag hinein verschoben wurde. Dieser Verlauf unterscheidet sich von dem der Kontrollwerte, er könnte aber dadurch verursacht sein, daß die Zeitabschnitte, in denen die Versuchspersonen vor dem zweiten 4-stündigen Schlafabschnitt wachen mußten, verlängert wurden. Im übrigen trat dieser Trend bei allen fünf Versuchspersonen gemein-

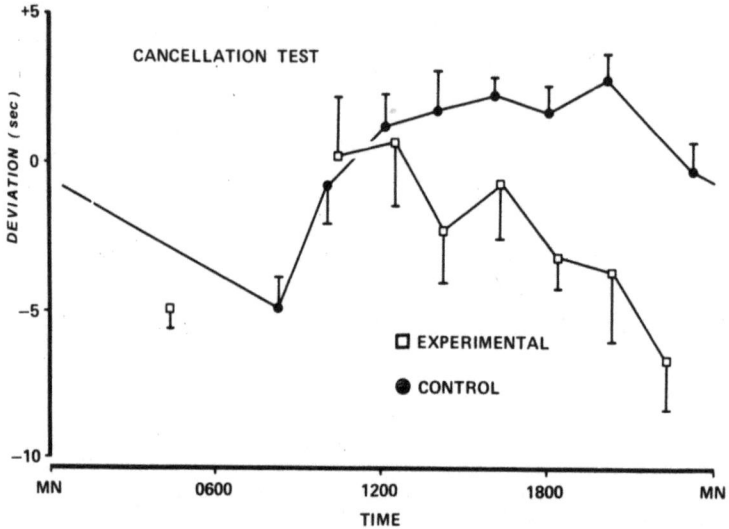

Abb. 3. Ergebnisse des Durchstreich-Tests. □: Mittlere Leistung nach dem Aufstehen an den experimentellen Tagen. ●: Mittlere Leistung an den Kontrolltagen. Die Klammern bezeichnen den Standardfehler

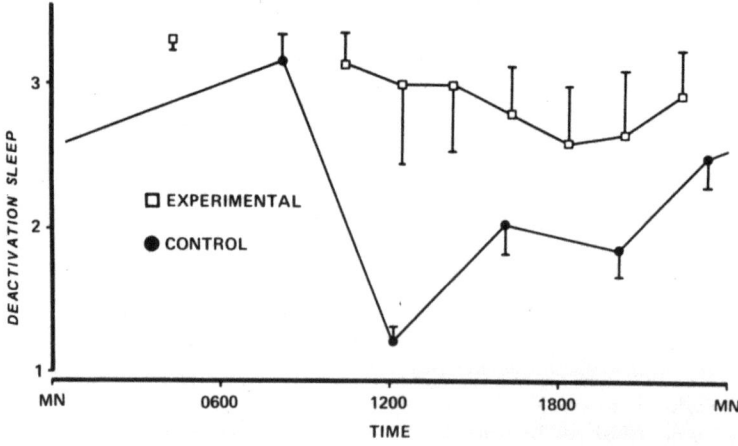

Abb. 4. Ergebnisse des AD-ACL-Tests. □: Mittlerer Müdigkeitsgrad nach dem Aufstehen an den experimentellen Tagen. ●: Mittlerer Müdigkeitsgrad an den Kontrolltagen. Die Klammern bezeichnen den Standardfehler

sam auf. Auch hier lagen die 3.45-Uhr-Werte signifikant niedriger als diejenigen, die an den experimentellen Tagen zu anderen Zeitpunkten des Aufstehens gewonnen wurden; sie waren aber bei diesem Test um 3.45 Uhr nicht besser als um 7.45 Uhr.

Die selbstgeschätzten Müdigkeitswerte (AD-ACL-Test) zeigten gleichfalls einen charakteristischen Circadianrhythmus an den Kontrolltagen, wobei die höchsten Werte (Maximum der Schläfrigkeit) beim Aufwachen um 7.45 Uhr geschätzt wurden. Sämtliche Werte, die zu anderen Tageszeiten nach dem Aufstehen gewonnen wurden, waren viel höher als jene an den Kontrolltagen, wobei der höchste Wert um 3.45 Uhr lag (Abb. 4). Der Unterschied zwischen den Kontrollwerten und denen, die beim Aufstehen zur gleichen Tageszeit erhalten wurden, war hoch signifikant ($p < 0,01$).

Diskussion

Die Untersuchung wurde so angeordnet, daß der erste 4stündige Schlafabschnitt von 23.45 bis 3.45 Uhr als „Anker" wirkte, der den Circadianrhythmus der Versuchspersonen bei einer 24stündigen Periodendauer und in normaler Phasenlage festhielt. Trotz dieser Maßnahme zeigte die Leistungsfähigkeit beim Aufstehen zu den verschiedenen Tageszeiten keine Ähnlichkeit mit einem circadianen Muster. Zwei Erklärungen bieten sich dafür an: Einmal der Einfluß des vorangegangenen Schlafs, zum anderen Tag-zu-Tag-Unterschiede, da ja jeder Punkt von einem anderen Tag stammt. Die Circadianrhythmik der Leistungsfähigkeit läßt sich jedoch auch dann noch nachweisen, wenn die einzelnen Meßwerte nach einem Zufallsmuster mit mindestens 24stündigen Meßintervallen gewonnen werden (Fort 1973). Der Einfluß des vorangegangenen Schlafes scheint daher die wahrscheinlichere Erklärung zu sein.

Wenn die Versuchspersonen zu verschiedenen Tageszeiten erwachten, zeigten die Ergebnisse des Durchstreich-Testes, der im wesentlichen perceptive Leistungen erfaßt, eine ständige Abnahme. Dies stimmte gut mit der längeren Dauer des Schlafentzugs vor dem zweiten 4stündigen Schlafabschnitt überein, was – wenn hier ein ursächlicher Zusammenhang besteht – vermuten läßt, daß die Wahrnehmungsleistung stärker durch Schlafdefizit beeinflußt wird als die motorische Leistungsfähigkeit.

Den Versuchspersonen waren die Zeitpunkte, an denen sie erwachten, bekannt. Dies könnte ihr Verhalten in der Weise beeinflußt haben, daß sie um 3.45 Uhr, wo es sich um eine ungewöhnliche Aufstehzeit handelte, eine geringere Leistungsbereitschaft zeigten und größere Müdigkeit angaben als zu den anderen Zeitpunkten des Tages, zu denen sie normalerweise sonst wach gewesen wären. Diese Situation ist ganz ähnlich der der Schichtarbeiter. Weitere Experimente, bei denen die Versuchspersonen die wahre Uhrzeit als Vergleichsmaßstab nicht zur Verfügung haben, könnten dazu führen, daß die Leistungsfähigkeit beim Aufwachen zwischen 3.45 Uhr und irgendeiner anderen Tageszeit keine Unterschiede zeigt. Umgekehrt könnte eine stärkere Anerkennung der Nachtschichtarbeit als normale Arbeitszeit zu einer Verbesserung der Leistungsfähigkeit in einer solchen Schicht führen.

Zusammenfassend haben unsere Untersuchungen gezeigt, daß die Leistungsfähigkeit von Versuchspersonen kurz nach dem Erwachen aus dem Schlaf zu jeder Tageszeit geringer ist als nach längerer Wachzeit, wenn auch nicht so niedrig wie die Werte, die nach dem Wecken um 3.45 Uhr gewonnen werden. Es ist daher offensichtlich, daß der Schlaf den dominierenden Einfluß auf die Gestaltung des normalen Tagesganges der Leistungsfähigkeit ausübt.

Literatur

Aschoff, J., Giedke, H., Pöppel, E., Wever, R. (1972): The Influence of Sleep Interruption on Circadian Rhythms in Human Performance. In: Colquhoun, W. P. (Hrsg.): Aspects of Human Efficiency. London: English Universities Press.

Elliott, A. L., Mills, J. N., Minors, D. S., Waterhouse, J. M. (1972): The effects of real and simulated time-zone shifts upon the circadian rhythms of body temperature, plasma 11-hydroxycorticosteroids, and renal excretion in human subjects. J. Physiol. 221, 227–257.

Fort, A. (1968): Circadian alterations in alertness. J. Physiol. 197, 82–83 P.

Fort, A. (1973): Factors affecting the circadian rhythm of performance on psychological tests. Ph. D. thesis (unpublished).

Mills, J. N., Fort, A. (1974): Relative Effects of Sleep Disturbances and Persistent Endogenous Rhythm after Experimental Phase Shift. In: Experimental Studies of Shiftwork. Proc. of the Third Int. Symp. on Night- and Shiftwork, Dortmund, 29.–31. 10. 1974.

Hamilton, P., Wilkinson, R. T., Edwards, R. S. (1972): A Study of Four Days Partial Sleep Deprivation. In: Colquhoun, W. P. (Hrsg.): Aspects of Human Efficiency. London: English Universities Press.

Hume, K. I., Mills, J. N. (1975): A split sleep investigation of the relative effects of time of day and duration of prior wakefulness on the sleep process. Sleep Res. 4, 266.

Moran, L. J., Mefferd, R. B. jr. (1959): Repetitive psychometric measures. Psychol. Rep. 5, 269–275.

Thayer, R. E. (1967): Measurement of activation through selfreport. Psychol. Rep. 20, 663–678.

Anschrift der Verfasser: Dr. Ann Fort, Employment Service Agency, 7, St. Martin's Place, London, WC 2 N 4 JH, England, and Prof. Dr. J. N. Mills, Department of Physiology, University of Manchester, Manchester M 13 9 PT, England.

Berücksichtigung des Biorhythmus bei der Erholzeitermittlung und Erholzeitvergabe

P. G. Köck

Arbeitswissenschaftliches Institut der Technischen Universität Wien

Mit 4 Abbildungen

Einleitung

Mein Beitrag beschäftigt sich mit der Nutzanwendung der von Arbeitsmedizinern und Arbeitsphysiologen gewonnenen biorhythmischen Erkenntnisse im Bereich der Erholzeitermittlung und -vergabe in der Praxis.

Dieses arbeitswissenschaftliche Teilgebiet, welches die Zusammenarbeit von Technikern und Medizinern erfordert, wurde bisher mehrheitlich von Arbeitstechnikern bearbeitet.

Herkömmliche Art der analytischen Erholzeitermittlung

Erholungszeiten sollen Ermüdungszustände, die ein bestimmtes Grenzmaß erreicht haben, abbauen und dadurch den Arbeitnehmer vor Überbeanspruchung schützen und eine optimale Nutzung der vorhandenen Leistungsfähigkeit garantieren.

Die Unzulänglichkeit herkömmlicher Erholungszeitermittlungs- und -vergabeverfahren soll anhand des folgenden Beispiels gezeigt werden:

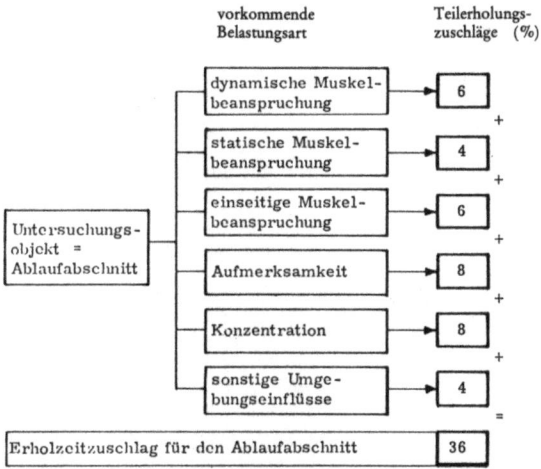

Abb. 1. Vorgehensschema bei der analytischen Erholzeitermittlung, gezeigt am Beispiel einer Schweißarbeit

"Schweißen einer Stahlblechkonstruktion in teilweise ungünstiger Körperhaltung":

Für die vorkommenden Belastungsarten werden Teilerholzuschläge aus Tabellen (siehe Tabelle 1 aus Pornschlegel/Birkwald, 1968), die nach der Anforderungshöhe gegliederte Richtwerte enthalten, abgelesen und zum Gesamter-

Tabelle 1. *Analytisches Erholzeitermittlungsverfahren*
(Institut für Arbeit, Moskau)

Physische Belastung

Lfd. Nr.	Bewertung der Arbeit hinsichtlich der physischen Anstrengungen	Meßgrößen des Faktors		Erholungszeit in Prozenten zur Operativzeit
		Gewicht der bewegten Lasten oder aufgewendete Kraft in kp	Zeitdauer der physischen Anstrengungen	
1	unbedeutend	3–15	Weniger als die Hälfte der Summe der Operativzeit während der Schicht	1
		5–15	Mehr als die Hälfte der Summe der Operativzeit während der Schicht	2
2	mittel	16–30	Weniger als die Hälfte der Summe der Operativzeit während der Schicht	3
		16–30	Mehr als die Hälfte der Summe der Operativzeit während der Schicht	4
3	schwer	31–50	Weniger als die Hälfte der Summe der Operativzeit während der Schicht	5
		31–50	Mehr als die Hälfte der Summe der Operativzeit während der Schicht	6
4	sehr schwer	51–80	Weniger als ein Drittel der Summe der Operativzeit während der Schicht	7
		51–80	Mehr als ein Drittel der Summe der Operativzeit während der Schicht	8
		51–80	Mehr als die Hälfte der Summe der Operativzeit während der Schicht	9

holzuschlag für einen Arbeitsabschnitt meist additiv zusammengesetzt (siehe Abb. 1). Die Zuordnung zu bestimmten Anforderungsstufen erfolgt meist durch Beurteilung, seltener durch Messung.

Die für einen Arbeitsabschnitt ermittelte Erholungszeit (Erholungszuschlag mal Vorgangsdauer/100) ist häufig als nicht erkennbarer Anteil in der Vorgabezeit für einen Arbeitsablauf enthalten und kann daher vom Arbeitnehmer nicht oder nur teilweise konsumiert werden.

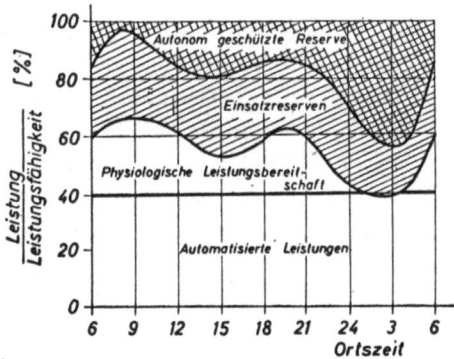

Abb. 2. Die Tagesperiodik der physiologischen Leistungsbereitschaft. (Nach O. Graf aus Stegemann, 1971)

Mängel bei der Erholzeitermittlung

1. Erholzeiten werden für eine bestimmte Arbeit, nicht jedoch für ein Arbeitssystem (Mensch-Maschine-System) bestimmt, wodurch interindividuelle Leistungsfähigkeitsunterschiede (etwa zwischen Mann und Frau) keine Berücksichtigung finden.
2. Die beträchtlichen Unterschiede in der physiologischen Leistungsbereitschaft zwischen 9 Uhr vormittags und 15 Uhr nachmittags werden nicht berücksichtigt (siehe Abb. 2).
3. Es gibt keine Verfahren, die negative Erholzeiten (abgebauten Erholungsbedarf) ermitteln lassen. In diesem Fall werden immer Erholzeiten = 0 geschrieben.

Mängel der Erholzeitvergabe

1. Wie vorhin angedeutet, werden Erholzeiten häufig überhaupt nicht getrennt von anderen Zeitarten angegeben.
2. Häufig steht der Aufwand der Vergabe von Erholzeiten in keinem Verhältnis zu dem großen Aufwand bei der Ermittlung.

3. Dadurch werden Pausen zum falschen Zeitpunkt und von falscher Dauer vorgegeben und verlieren damit an Erholungswert.

4. Wenn Pausenregimes vorgegeben sind, wird deren Einhaltung wenig kontrolliert und werden diese an geänderte Ablaufsituationen nicht angepaßt.

Belastungsadäquate Erholzeitermittlung und Erholzeitvergabe unter Berücksichtigung des Biorhythmus

In dem von uns entwickelten summarisch-analytischen Verfahren wurde versucht, dem Praktiker Erholzeiten zu liefern, die auf Belastungsstudien basieren, ohne daß dieser selbst solche durchführen muß (Köck, 1974).

Für eine der häufigsten körperlichen Arbeiten (manuelle Transportarbeiten) wurden typische Arbeitsabläufe, sogenannte „Grundtätigkeiten", gefunden und für diese über die sogenannten „Belastungswerte"[1] Erholzeiten ermittelt. Wie man vom Erholbedarf einer hinsichtlich Ablauf und Arbeitsinhalt entsprechenden Grundtätigkeit zum Erholbedarf einer konkreten Tätigkeit kommt, zeigt das folgende Blockschema (siehe Abb. 3).

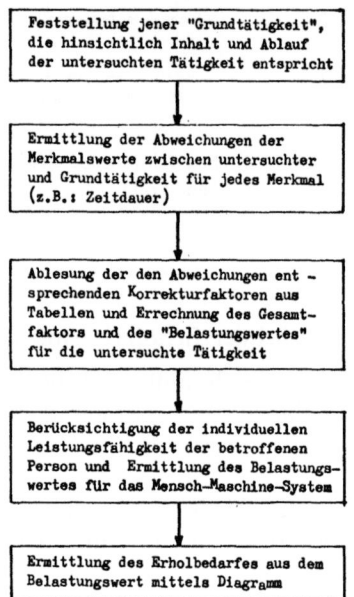

Abb. 3. Schrittweise Ermittlung des Erholbedarfes mittels eines summarisch-analytischen Ermittlungsverfahrens. (Nach Köck)

Die Korrekturfaktoren lassen sich aus Tabellen aus der Abweichung des Merkmalwertes der betrachteten Tätigkeit vom Bezugswert der Grundtätigkeit ablesen. Bei diesem Verfahren kann die Leistungsfähigkeit des betroffenen Arbeitnehmers berücksichtigt werden. Der Fehler, der bei einem normalen, ana-

---

[1] Die Dimension der „Belastungswerte" ist Pulse/Minute, sie sind daher als Beanspruchungswerte anzusehen.

lytischen Verfahren bei der additiven Zusammensetzung von Teilerholzuschlägen entsteht, ist bei diesem Verfahren um etwa 80% reduziert. Erholzeiten können für kürzere und längere Arbeitsablauffolgen ermittelt werden.

Dieses Verfahren ist die Basis für die im folgenden gezeigte Möglichkeit eines am Beanspruchungsverlauf orientierten Pausenregimes.

Die in der Tabelle 2 abgebildete Zusammenstellung zeigt am Beispiel des manuellen Schweißens, wie man unter Berücksichtigung einfacher funktionaler Zusammenhänge von den bereits ermittelten Erholzeiten für den Einzelvorgang zum zeitlichen Verlauf des Gesamterholbedarfes gelangt (siehe letzte Spalte der Tabelle).

Tabelle 2. *Biorhythmus in der Erholzeit*
(Arbeitswissenschaftliches Institut der Technischen Universität Wien)

Zeit	Vorgang	Vorg. Dauer Min	Erhol- zeit Min	Zusätzl. Erholzeit Min	Abgebaute Erholzeit Min	Gesamt- Erholzeit Min
300 (15^h)						
	Karre beladen	15	2.5	0.0	0.0	2.5
315	Karrentransport	5	0.5	0.0	0.0	3.0
320	Wst. einsp. + richten	6	1.0	0.0	0.0	4.0
326	Schw. ger. vorber.	3	0.0	0.0	−0.5	3.5
329	Schweißen	30	3.0	0.0	0.0	6.5
359	Wst. wenden	5	1.0	0.0	0.0	7.5
364	Wurzel schleifen	8	1.0	0.2	0.0	8.7
372	Wurzel schweißen	12	1.2	0.4	0.0	10.3
384	Pause	6	0.0	0.2	−6.0	4.5 P
390	Schlacke klopfen	5	0.5	0.2	0.0	5.2
395	Aussp. Abtransport	5	0.0	0.2	−0.8	4.6
400	Wst. einsp. + richten	6	1.0	0.4	0.0	6.0
406	Schweißen	30	3.0	1.8	0.0	10.8
436	Pause	6	0.0	0.5	−6.0	5.3 P
442	Wst. wenden	5	1.0	0.4	0.0	6.7
447	Wurzel schleifen	8	1.0	0.5	0.0	8.2
455	Wurzel schweißen	12	1.2	0.7	0.0	10.1
467	Pause	6	0.0	0.3	−6.0	4.4 P
473	Schlacke klopfen	5	0.5	0.2	0.0	5.1
478	Aussp. Abtransport	5	0.0	0.2	−1.0	4.3
483	Wst. einsp. + richten	6	1.0	0.2	0.0	5.5
489	Schweißen	30	3.0	0.9	0.0	9.4
519	Wst. wenden	5	1.0	0.1	0.0	10.5
524	Pause	6	0.0	0.1	−6.0	4.6 P
530	Wurzel schleifen	8	1.0	0.0	0.0	5.6

In der Spalte „zusätzliche Erholzeit" wird die verringerte physiologische Leistungsbereitschaft (entsprechend der Wachkurve von Graf, siehe Abb. 2) zwischen 14 und 16 Uhr berücksichtigt. Die zusätzlichen Erholzeiten haben wir durch eine der herabgeminderten physiologischen Leistungsbereitschaft entsprechende Herabsetzung des für die Erholzeitermittlung maßgeblichen Belastungsgrenzwertes erhalten[2].

In der Spalte „abgebaute Erholzeit" sind Pausen und erholwirksame Arbeitsvorgänge berücksichtigt.

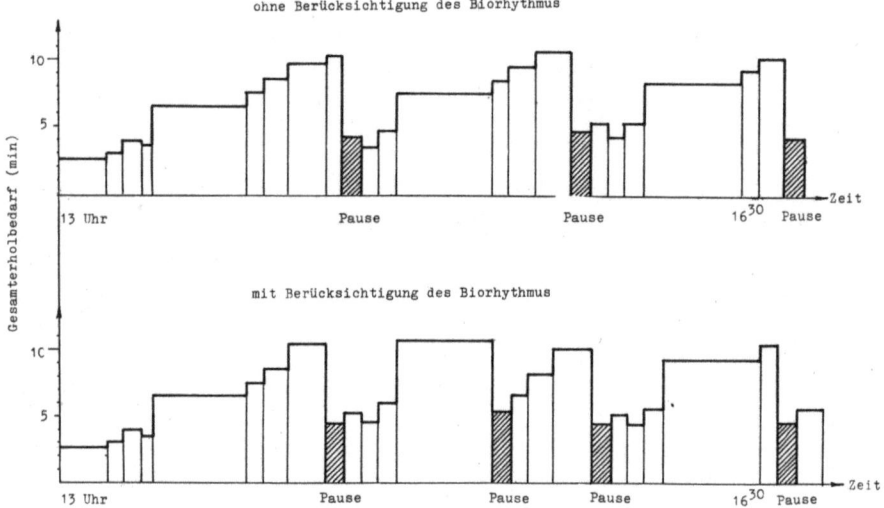

Abb. 4. Verlauf des Erholbedarfes für eine manuelle Schweißarbeit.
(Arbeitswissenschaftliches Institut der Technischen Universität Wien)

Die hier vorgenommene Aufsummierung der Einzelerholzeiten stellt eine (im Falle sehr hoher Belastungen sicher nicht zulässige) Vereinfachung dar, die es ermöglicht, bei geänderten Arbeitsabläufen sehr rasch ein neues Pausenregime zu ermitteln. Je komplizierter die zu berücksichtigenden funktionellen Verknüpfungen sind, desto aufwendiger und unwirtschaftlicher wird die EDV-mäßige Behandlung.

Das dem Belastungsverlauf entsprechende Pausenregime erhält man dadurch, daß beim Überschreiten eines Erholbedarfs von 10 Minuten eine Pause von 6 Minuten Dauer zwischengeschaltet wird.

In Abb. 4 sind die Verläufe des Erholbedarfs mit und ohne Berücksichtigung des Biorhythmus dargestellt. Man erkennt den Einfluß der verminderten physiologischen Leistungsbereitschaft deutlich an der dichteren Pausenfolge, die sich aus einem schnelleren Anstieg des Erholbedarfes ergibt.

---

[2] Diese Festlegung ist eine hypothetische Annahme, die im Feld verifiziert werden soll.

Da unsere Versuche zur Erprobung dieser Vorgehensweise noch nicht abgeschlossen sind, kann über die Richtigkeit der Höhe der zusätzlich zu vergebenden Pausen (infolge des Biorhythmus) und die Auswirkungen der von uns vorgenommenen Vereinfachungen noch keine verbindliche Aussage gemacht werden.

Schlußwort

Die für die Praxis zu wenig aufbereiteten Forschungsergebnisse auf dem Gebiet der Untersuchung biologischer Rhythmen bringen für den praktizierenden Arbeitstechniker kaum lösbare Probleme bei der Umsetzung mit sich. Daher wurden die Erkenntnisse aus dem Bereich der Chronobiologie bisher kaum bei der Erholzeitermittlung und -vergabe angewendet.

Literatur

Köck, P. G. (1974): Ermittlung des Erholzeitbedarfs bei körperlicher Arbeit. Köln–Bonn: Peter Hanstein GmbH.
Pornschlegel, H., Birkwald, R. (1968): Handbuch der Erholzeitermittlung. Köln: Bund-Verlag.
Stegemann, J. (1971): Leistungsphysiologie. Physiologische Grundlagen der Arbeit und des Sports. Stuttgart: G. Thieme.

Anschrift des Verfassers: Dr. P. G. Köck, Augasse 3/4/5, A-2351 Wr. Neudorf, Österreich.

Wochenperioden der Arbeitsunfallhäufigkeit im Vergleich mit Wochenperioden von Herzmuskelinfarkt, Selbstmord und täglicher Sterbeziffer

W. Undt

I. Medizinische Universitäts-Klinik Wien

Mit 6 Abbildungen

Bei der Untersuchung von Umwelteinflüssen auf biologische Vorgänge wie z. B. von bestimmten Wetterlagen oder einzelnen Meßgrößen (Luftelektrizität, Luftverunreinigungen u. a.) zeigen sich oft signifikante Wochengänge, die bei der statistischen Auswertung berücksichtigt werden müssen, da sie in der Größenordnung möglicher Wettereinflüsse liegen [11]. In der einschlägigen Literatur wird angenommen, daß im Gegensatz zu den Ergebnissen bei Versuchstieren beim Menschen psychologische, ökonomische und vor allem soziologische Faktoren als Zeitgeber beim Zustandekommen der Periodik eine wesentliche Rolle spielen, nach J. Aschoff sind die letzteren sogar die wichtigsten [1].

Biologisches Material

Für die Untersuchung standen die Aufzeichnungen der Allgemeinen Unfallversicherungsanstalt in Wien über die täglichen Arbeitsunfälle beziehungsweise die Maschinenunfälle (Unfälle von Arbeitern an Maschinen), und zwar 91.705 bzw. 9.760 Fälle, von 1973 bis Juni 1975 zur Verfügung, darüber hinaus vom Bundesministerium für Bauten und Technik Aufzeichnungen über 731 meldepflichtige Elektrounfälle aus den Jahren 1965 bis 1969.

Unter den gleichen Gesichtspunkten wurde das Material einer in einem anderen Zusammenhang früher durchgeführten Arbeit von 2.852 Herzmuskelinfarkten in Wien [9] aus den Jahren 1954 bis 1967 analysiert. Weiters wurden Wettereinflüsse auf das Selbstmordgeschehen nach dem Material der Lebensmüdenfürsorge der Wiener Caritas (23.407 Fälle, 1955–1971) und ein kleineres Material der Universitäts-Klinik für Psychiatrie in Wien (1.131 Fälle, 1971) untersucht, um Wochengänge zu erstellen.

Schließlich wurde das Verhalten der täglichen Sterbeziffer in Wien in den Jahren 1955 bis 1967 (317.675 Fälle) untersucht.

Methodik

Die Prüfung auf Überzufälligkeit erfolgte nach dem Vergleich der mittleren Ereigniszahlen in mehreren Stichproben aus poissonverteilten Grundgesamtheiten nach der von L. Sachs angegebenen Methode [7].

Allen graphischen Darstellungen liegen folgende Überlegungen zugrunde: Es wird die Nullhypothese aufgestellt, daß sich die biologischen Ereignisse über alle Tage der Woche gleich verteilen. Dann müßte der geschätzte Erwartungswert der Anzahl der biologischen Ereignisse bei Gleichverteilung proportional dem Anteil der Tage in diesem Zeitraum sein. Die Differenzen zwischen den Beobachtungs- und Erwartungswerten sind in den Abbildungen graphisch dargestellt.

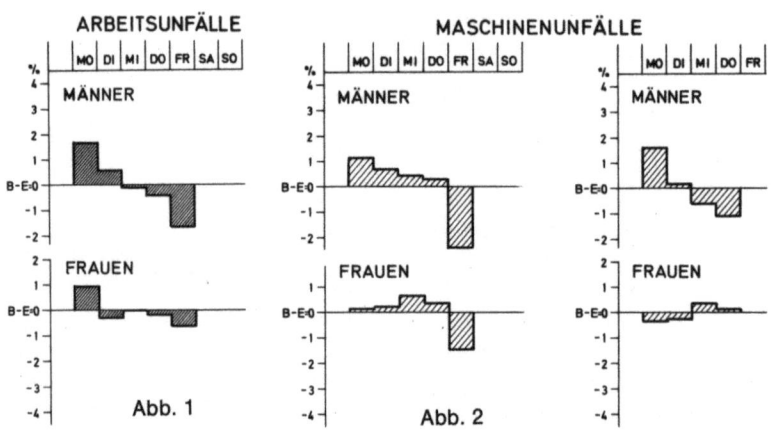

Abb. 1. Wochengang der Arbeitsunfälle in Wien 1973 bis Juni 1975, 72.403 Männer und 19.302 Frauen

Abb. 2. Wochengang der Maschinenunfälle in Wien 1973 bis Juni 1975, 7.718 Männer und 2.042 Frauen

Arbeitsunfälle

Die in Wien gemeldeten Arbeitsunfälle der Männer weisen einen signifikanten Wochengang auf, $p < 0,01$. Die Abweichungen vom Erwartungswert sind in der Abb. 1 enthalten. Die größte Unfallshäufigkeit fällt auf den Montag und nimmt von da bis zum Freitag ständig ab. Hier scheint vor allem der Faktor einer Anpassung nach dem Wochenende und ein gewisser Übungseffekt innerhalb der Arbeitswoche wirksam, wobei am Freitag auch die verkürzte Arbeitszeit von Einfluß ist. Die Unfallshäufigkeit liegt bei den Frauen nur am Montag über dem Erwartungswert, sonst darunter, aber für alle Wochentage im Zufallsbereich.

Das Material erscheint in mehrfacher Hinsicht inhomogen, da es sich um verschiedene Tätigkeiten, bei denen die zum Unfall führenden Ursachen ebenfalls sehr unterschiedlich sein können, handelt. Es wurden daher die sogenannten „Maschinenunfälle" gesondert bearbeitet, bei denen vorauszusetzen ist, daß die Zahl der Beschäftigten nicht sehr stark variiert und auch die Arbeitsbedingungen annähernd gleich sind.

Maschinenunfälle

Wegen der geringeren Beschäftigtenzahl am Wochenende wurden für die Aufstellung der Wochengänge der Maschinenunfälle für Männer und Frauen getrennt nur die Wochentage Montag bis Freitag herangezogen. Die Abweichungen vom Erwartungswert sind in Abb. 2 enthalten. Der Wochengang der Maschinenunfälle weist bei den Männern die größte Häufigkeit am Montag, die geringste am Freitag auf und ist signifikant ($p < 0{,}01$). Nach Weglassung des Freitags liegen die Unfallhäufigkeiten im Zufallsbereich. Bei den Frauen fällt die größte Unfallhäufigkeit auf Mittwoch und Donnerstag, die kleinste auf Freitag. Die Verteilung auf die Wochentage Montag bis Freitag ist jedoch zufällig.

Elektrounfälle

Bei Weglassung des Wochenendes, Freitag bis Sonntag, weisen die Elektrounfälle einen ähnlichen, statistisch nicht gesicherten Wochengang auf wie die Maschinenunfälle [10]. Auch hier zeigt sich eine gewisse Abhängigkeit von der Länge der Arbeitszeit. Unterteilt man die Elektrounfälle in die Zeitabschnitte Dienstag bis Donnerstag und Freitag bis Montag, so liegt eine knapp überzufällige Häufung am Wochenende vor ($p < 0{,}05$). Die relativ hohen Unfallzahlen bei der geringeren Anzahl der Beschäftigten zum Wochenende könnten möglicherweise mit der Freizeitbeschäftigung in Zusammenhang gebracht werden, im besonderen in der warmen Jahreszeit. Der Wochengang von 2.253 Forstunfällen in der Steiermark – fern von den Umweltstressoren der Großstadt – ergibt ebenfalls ein Maximum am Montag und unbedeutende Unterschiede der Häufigkeiten von Dienstag bis Freitag. Die größte Unfallhäufigkeit am Montag wird auf Entwöhnung nach dem Wochenende, Übermüdungserscheinungen am Wochenende und Alkoholgenuß zurückgeführt (Gubo [4]).

Herzmuskelinfarkte

Nach den Untersuchungen an 2.852 Herzmuskelinfarkten in Wien [9] getrennt nach Männern und Frauen (Abb. 5) ist der Wochengang bei den Männern signifikant ($p < 0{,}001$), liegt aber bei den Frauen im Zufallsbereich. Bei den Männern weisen der Montag das Maximum und eine große Häufigkeit auch die Sonn- und Feiertage auf, das Minimum der Mittwoch. Bei den Infarkten der Frauen fällt das Maximum auf den Mittwoch und ein sekundäres auf den Montag, das Minimum auf den Samstag und ein sekundäres auf den Donnerstag.

Die Diskussion über einen solchen Wochengang ist zugleich eine über Lebensgewohnheiten, und verschiedene Autoren betonen den Einfluß auslösender Faktoren, wie Magenfüllung – also Ernährungsgewohnheiten –, Alkoholgenuß u. a. und auch die Einführung der 5-Tage-Woche mit der durch sie bedingten Änderung der Lebensgewohnheiten.

Allerdings ist der Einfluß der 5-Tage-Woche deshalb mit großer Vorsicht zu berücksichtigen, da zu Beginn der vorliegenden Beobachtungsreihe die

5-Tage-Woche noch nicht überall eingeführt war, während sie gegen Ende der Beobachtungsreihe einen immer stärkeren Einfluß ausgeübt haben könnte.

Für die Embolie liegt ein ähnlicher Wochengang in Westberlin vor (E. Wedler [11]) mit dem Maximum am Montag, dem Minimum am Mittwoch und Donnerstag. Leider wurde keine Unterscheidung zwischen Männern und Frauen vorgenommen.

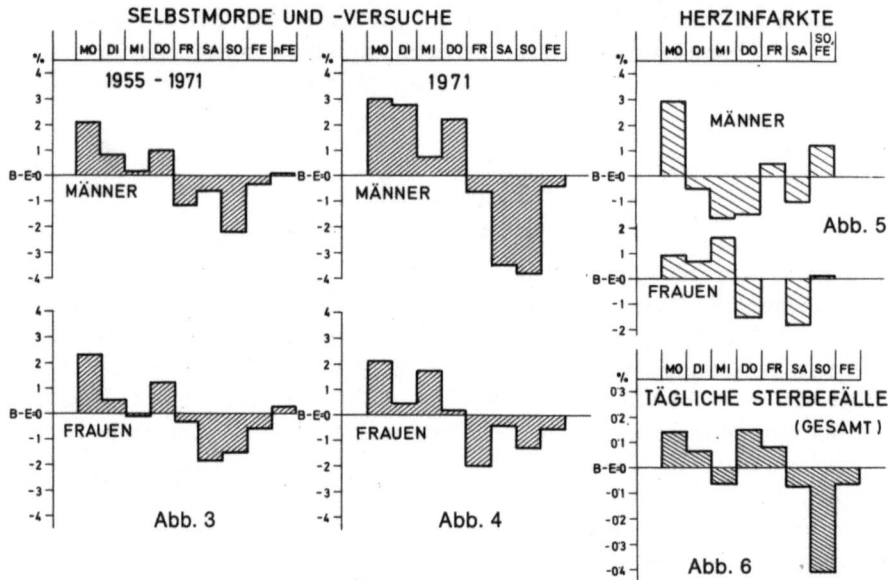

Abb. 3. Wochengang der Selbstmorde und Selbstmordversuche in Wien 1955 bis 1971, 13.659 Männer und 9.748 Frauen, Material der Lebensmüdenfürsorge

Abb. 4. Wochengang der Selbstmorde und Selbstmordversuche in Wien 1971, 416 Männer und 715 Frauen, Material der Univ.-Klinik für Psychiatrie

Abb. 5. Wochengang der Herzmuskelinfarkte in Wien 1954 bis 1967, 2.079 Männer und 773 Frauen

Abb. 6. Wochengang der täglichen Sterbefälle in Wien 1955 bis 1967, gesamt 317.675 Fälle

Selbstmorde und Selbstmordversuche

Eine eigene statistische Bearbeitung von Selbstmorden und Selbstmordversuchen in Wien an Hand der Aufzeichnungen der Lebensmüdenfürsorge der Wiener Caritas ergibt einen statistisch gesicherten Wochengang ($p < 0,01$) und deutet ebenfalls auf eine bestimmende Einflußnahme soziologischer Faktoren hin. In der Abb. 3 bedeuten „Fe" Feiertag und „nF" den Tag nach einem Feiertag. Diese Unterscheidung wurde getroffen, weil diesen Tagen eine ähnliche Stellung wie dem Montag zukommen könnte. An den Tagen „nF" liegen zwar die Selbstmordhäufigkeiten über dem Erwartungswert, aber noch im Zufallsbereich.

Bei den Männern und Frauen fällt das Maximum auf den Montag, das Minimum bei den Frauen auf Samstag und Sonntag, bei den Männern nur auf den

Sonntag; die nächst geringere Häufigkeit weist der Freitag auf. Nach einer weiter zurückliegenden Untersuchung von R. Graf [3] in Wien wurde an einem kleineren Material ein ähnlicher Wochengang gefunden, der nur nach Zusammenfassung der Tage Freitag–Montag und Dienstag–Donnerstag am Wochenende eine mit $p < 0{,}05$ gesicherte höhere Selbstmordrate ergab. Der Wochenlauf der gesellschaftlichen Beziehungen prägt nach Graf auch den der Suicidhäufigkeit. Der Montag bedeutet einen Neubeginn aller im Rhythmus wiederkehrenden Lebensanforderungen. Aus der Unlust, das ganze von neuem zu beginnen, wählen viele daher den Montag, um den längst erwogenen Selbstmord auszuführen.

Bei dem großen Material der Lebensmüdenfürsorge muß allerdings auch noch die Frage geklärt werden, ob in jedem Falle der Angaben der Stichtag tatsächlich der Tag des Selbstmordes war, oder, ob nicht auch in einigen Fällen, die durchaus dieses gewonnene Ergebnis verzerren können, der Selbstmord zum Wochenende verübt und erst am Montag entdeckt wurde, der Auffindungstag fälschlich also als Selbstmordtag aufgezeichnet war.

Auch in einer neueren Untersuchung an einem relativ kleinen Material der Suicide in Wien des Jahres 1971 fällt die größte Suicid-Häufigkeit bei Frauen und Männern auf den Montag, das Minimum bei den Männern auf Sonntag, bei den Frauen auf Freitag und ein sekundäres auf den Sonntag. Die beschriebenen Wochengänge liegen knapp innerhalb des Zufallsbereiches von $p < 0{,}05$ (Abb. 4).

Bemerkenswert in diesem Zusammenhang ist die Untersuchung der Jahresgänge der Suicide und Suicidversuche, die auf der Nordhalbkugel einen Frühjahrsgipfel, in der Äquatorialzone keinen und auf der Südhalbkugel der Erde ein den gemäßigten Breiten entsprechendes Herbstmaximum aufweisen, d. h. eine geographische Abhängigkeit zeigen (H. Fuchs [2]).

Tägliche Mortalität

Die Prüfung der täglichen Sterbeziffern in Wien der Jahre 1955 bis 1967 ergab ohne Unterscheidung nach Frauen und Männern einen hochsignifikanten Wochengang mit der größten Häufigkeit am Donnerstag und dem Minimum am Sonntag ($p < 0{,}001$). Die zugrundeliegenden amtlichen Daten beziehen sich auf das gesamte Gebiet der Großstadt Wien und sind sicher repräsentativer als jedes andere statistische Material eines kleineren Bereichs (Abb. 6).

In der einschlägigen Literatur hat Kutschenreuter [6] bei seinen Untersuchungen in den USA (1948 bis 1958) ebenfalls einen Wochengang bei den meisten Altersgruppen mit dem Maximum am Montag und dem Minimum am Sonntag gefunden. Da in den Wetteraufzeichnungen keine entsprechende 7-Tageperiodik vorhanden ist, werden dort soziologische Einflüsse als wahrscheinlich angenommen.

Schlußbemerkung

Bei allen festgestellten Wochengängen erweisen sich die mehrfach erwähnten nicht physikalischen Umwelteinflüsse in bestimmten Zeitabschnitten als von größerem Einfluß als Wettereinflüsse. Markante Wetterlagen dagegen,

z. B. Hitzeperioden oder winterliche Inversionslagen, überlagern den Wochengang vollständig.

Da diese Überlagerungen auch für Tagesgänge biologischer Funktionen gelten können, sollten circadiane Rhythmen nur an wetterungestörten Tagen untersucht werden, insbesondere dann, wenn sie im Jahresverlauf verglichen werden sollen.

Auf die auch in relativ kleinem Material anzutreffenden Wochengänge verschiedener biologischer Ereignisse sollte in diesem Rahmen deshalb hingewiesen werden, weil gerade bei chronobiologischen Zielsetzungen die Tatsache ihres Vorhandenseins verschiedene Fragen aufwirft, darunter vor allem auch diejenige, ob durch Wochengänge andere bestehende Perioden in ihrer Länge verändert werden können.

Zusammenfassung

Einige biologische Zeitreihen ergaben signifikante Wochengänge, so Arbeitsunfälle, Herzmuskelinfarkte, Suicide und -versuche sowie die Gesamtsterblichkeit. Zum Teil treten geschlechtsspezifische Unterschiede auf. Es scheint möglich, daß durch Wochengänge – die von Wettereinflüssen überlagert werden können und für die in erster Linie soziologische Faktoren maßgebend sein dürften – auch die circadiane Periodik gestört werden kann. Für den Vergleich circadianer Rhythmen im Jahresverlauf scheint es notwendig, nur Tage mit ungestörten Wettersituationen zu berücksichtigen.

Ergänzung nach Abschluß des Manuskripts

Aus der kürzlich erschienenen Untersuchung von H. Nickey, R. Mulcahy, G. J. Bourke, I. Graham u. K. Wilson-Davis (Study of Coronary Risk Factors Related to Physical Activity in 15.171 Men, British Med. J. 1975: 507–509) geht u. a. hervor, daß während der Freizeit bei stärkerer körperlicher Belastung die Risikofaktoren Cholesterin und Bluthochdruck die geringsten Werte aufweisen, körperliche Belastung während der Arbeit dagegen keinen Einfluß auf diese Risikofaktoren hat.

Literatur

1. Aschoff, J. (1971): Eigenschaften der menschlichen Tagesperiodik, Bd. 38 der Schriftenreihe Arbeitsmedizin, Sozialmedizin, Arbeitshygiene. Stuttgart: A. W. Gentner.
2. Fuchs, H. (1959): Jahreszeitlicher Rhythmus der Selbstmorde in internationaler Sicht. Statistische Nachrichten XIV (Neue Folge) Wien, Nov.
3. Graf, R. (1950): Der Selbstmord in Beziehung zu Wetter, Tagesstunde und Wochentag, Phil. Diss. Univ. Wien.
4. Gubo, K. (1967): Arbeitsunfälle bei Forstarbeitern, Presseaussendung.
5. Heigel, K. (1974): Der Einfluß des Wetters auf Suicide und Suicidversuche in einer süddeutschen Großstadt (Augsburg). Wetter und Leben 26, 11–16.
6. Kutschenreuter, P. H. (1959): A study of the effect of weather on mortality. The New York Academy of Sciences 126–128.
7. Sachs, L. (1969): Statistische Auswertemethoden, 2. Aufl. Berlin–Heidelberg–New York: Springer.
8. Schramm, P. (1968): Untersuchungen über statistische Zusammenhänge zwischen Selbstmorden und Wetter in West-Berlin während der Jahre 1956–1965. Met. Abh. *87*, H. 2. Berlin: D. Reimer.

9. Undt, W., Karobath, H., Bucher, J., Fedrigoni, L., Hitzenberger, G., Slany, E., Warlamides, I. (1972): Der Herzmuskelinfarkt. Untersuchungen über den Einfluß von Wetter, Jahreszeit und periodischen Umwelteinflüssen auf den Zeitpunkt des Krankheitsbeginnes. Z. angew. Bäder- u. Klimaheilk. *19*, 151–169.
10. Undt, W., Karobath, H.: Elektrounfälle und Wetter (im Druck).
11. Wedler, E. (1970): Erfahrungen aus einem Medizin-Meteorologischen Testjahr. Schriftenreihe Verein Wasser-Boden-Lufthygiene, Berlin–Dahlem *30*, 53–88.

Anschrift des Verfassers: Dr. W. Undt, I. Medizinische Universitäts-Klinik, Spitalgasse 23, A-1090 Wien, Österreich.

Nachtschlafzyklen nach Interkontinentalflügen

R. Ullner, J. Kugler, F. Torres und F. Halberg

Kinderklinik, Technische Universität München; Neurologische Klinik, Universität München; Neurologische Klinik, Universität von Minnesota, Minneapolis; Chronobiology Laboratories, Universität von Minnesota, Minneapolis

Mit 6 Abbildungen

Bei einer gesunden Versuchsperson wurde nach einem Flug von München nach Minneapolis sowie nach einer Anpassungszeit von 12 Wochen wieder nach dem Rückflug jeweils in den Nächten 1–7 und 12, 13, 19, 20 eine polygraphische Registrierung des Schlafs durchgeführt. Zusätzlich wurden 3 Wochen vor und nach dem Hinflug die Elektrolytausscheidungen von Kalium, Natrium, Chlor und Kalzium im Urin mehrmals am Tage gemessen. Die Zeitverschiebung betrug infolge der Sommerzeit in den Vereinigten Staaten 6 Stunden. Die Schlafstadien der polygraphischen Registrierungen wurden nach Loomis (Kugler 1966) analysiert. In Hinsicht auf den first-night-effect (Agnew u. Mitarb. 1966) wurden die Registrierungen der ersten Nacht hier nicht verwertet. (Zur Methodik siehe auch Halberg 1969 und Halberg u. Mitarb. 1972).

Beobachtungen

Es zeigte sich im EEG makroskopisch, daß die ersten 7 Nächte nach dem Interkontinentalflug deutlichere Veränderungen aufwiesen als die nachfolgenden Nächte 12, 13, 19 und 20 (Abb. 1 und 2). Die Analyse der Schlafstadien brachte folgende Ergebnisse: In der ersten Woche der Anpassung nach dem Ost-West-Flug kamen die Stadien A und B häufiger vor als nach augenscheinlich erfolgter Anpassung. Stadium C zeigte keinen statistisch signifikanten Unterschied, während die Tiefschlaf-Stadien D und E nach der Anpassung signifikant häufiger auftraten (Tab. 1).

Diese Ergebnisse werden gestützt durch die mikroskopische Analyse (Halberg 1969) der Urinausscheidung von Elektrolyten (Abb. 3). Hier ist erkenntlich, daß die Anpassung in zwei Stadien verläuft:

Das erste Stadium beträgt 3–5 Tage, erkenntlich an der Einpendelung der Acrophasenlage auf das neue zeitliche Niveau mit einer Verschiebung von 6 Stunden sowie einer deutlichen Erhöhung des Rausch-Signal-Quotienten während dieser Zeit und einem nachfolgenden Absinken dieses Quotienten (Abb. 4). Nach diesen Befunden ist jedoch eine endgültige Anpassung erst nach 6 oder mehr Tagen erreicht. Dabei ist von Bedeutung, daß die verschiedenen Elektrolyte eine unterschiedlich lange Resynchronisationszeit aufzuweisen scheinen.

Parallel zu diesen Beobachtungen ist aus einer Betrachtung der Schlafstadien

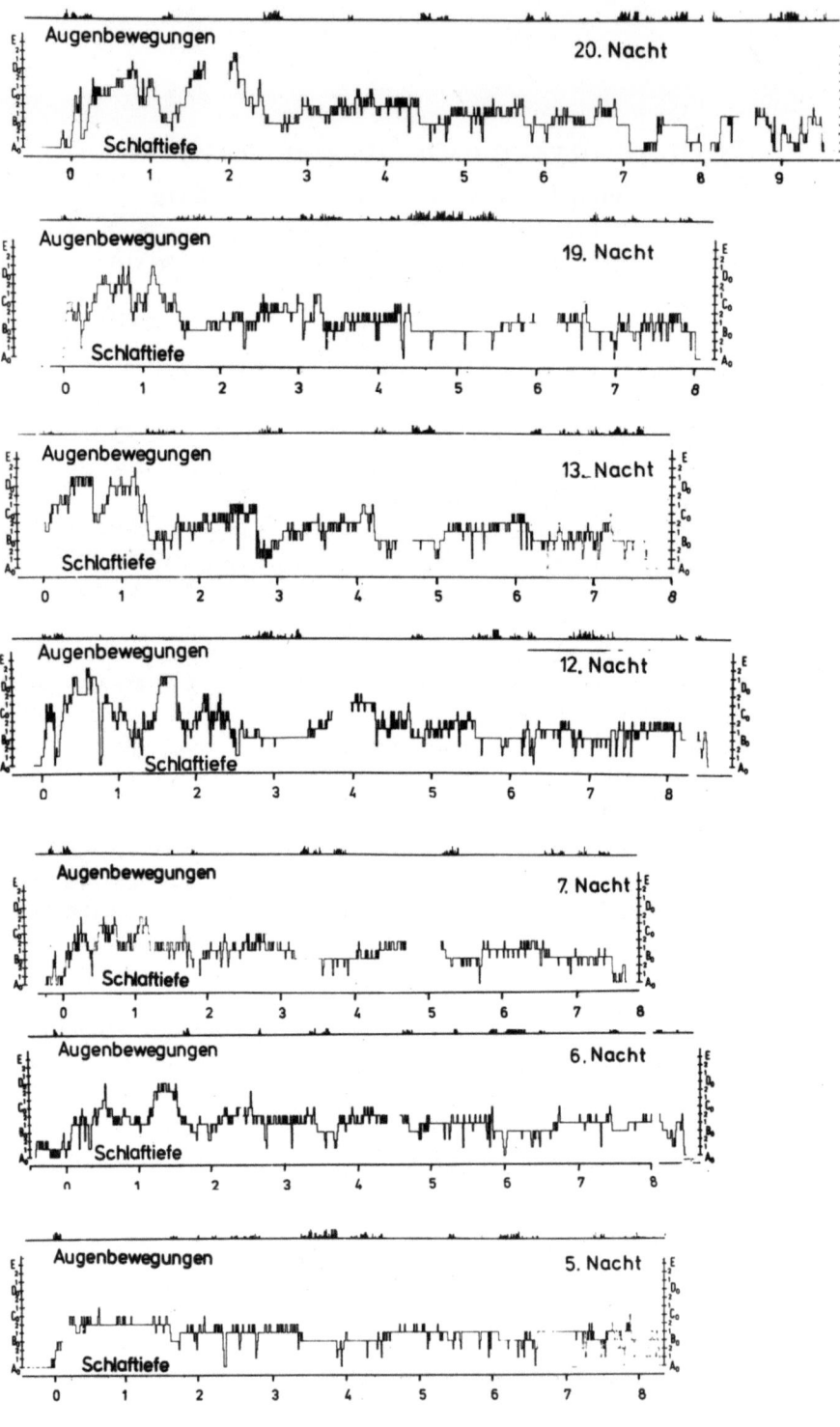

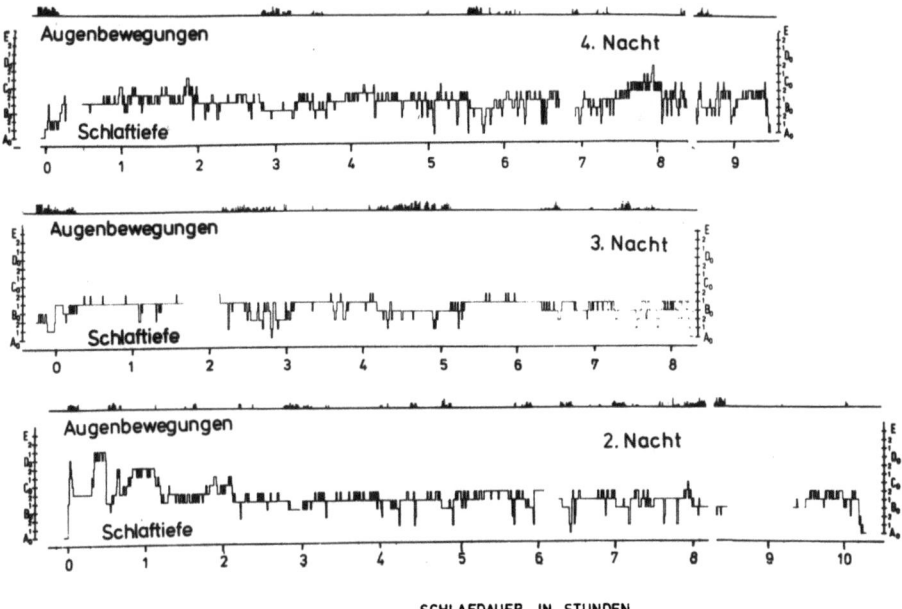

Abb. 1. Schlafstadienanalyse und REM-Aktivität der Nächte 2, 3, 4, 5, 6, 7, 12, 13, 19, 20 nach Ost-West-Flug mit einer Zeitverschiebung von 6 Stunden. Allmähliche Restitution der Schlafzyklen

ersichtlich, daß sich erst in der 7. Nacht eine makroskopisch deutliche Ausprägung von regulären Schlafzyklen zeigt. Parallel dazu stieg der Anteil des REM-Schlafes von 1,7 ± 4,1% auf 26,7 ± 3,86% an. Dieser Unterschied war statistisch nicht signifikant. Weiterhin zeigte sich eine Normalisierung der durchschnittlichen Zyklusdauer von 114,47 ± 7,94 Minuten auf 100,61 ± 4,82 Minuten (Tab. 2). Das entspricht einer Annäherung an die von Hartmann (1968) beschriebene durchschnittliche Zyklusdauer von 95,8 ± 8,7 Minuten. Auch dieser Unterschied ließ sich statistisch nicht sichern.

Nach dem Rückflug nach München ergaben die entsprechenden Auswertungen, daß gleiche Beziehungen zwischen den ersten 7 Nächten und den nachfolgenden Nächten bezüglich der Schlafstadienverteilung bestanden. Eine Abnahme der Schlafstadien A und B sowie eine Zunahme der Tiefschlafstadien D und E war zu beobachten. Diese Eindrücke ließen sich jedoch im Gegensatz zu den Befunden nach Ost-West-Flug statistisch nicht absichern. Weiterhin fand sich ebenso eine Verkürzung der Dauer der Schlafzyklen von 87 auf 86 Minuten. Aber auch dieser Unterschied ließ sich statistisch nicht sichern.

Im Gegensatz zum Vergleich zwischen den ersten 7 Nächten nach Ost-West-Flug bzw. West-Ost-Flug mit den nachfolgenden Nächten, ließ sich ein statistisch gesicherter Unterschied zwischen der Resynchronisation nach Ost-West- und West-Ost-Flug bezüglich aller Schlafstadien nachweisen. Es zeigte sich, daß nach dem Rückflug nach Deutschland eine Abnahme der Häufigkeit der Stadien A und B sowie eine Zunahme der Häufigkeit der Stadien C, D und

Tabelle 1. *Anteil der Schlafstadien am Gesamtschlaf in % nach Ost-West- und West-Ost-Flug. Zeitverschiebung 6 Stunden. (P-Werte entsprechend zweiseitigem t-Test)*

Ost – West

Schlafstadien	Nacht 3, 4, 5, 6, 7	Nacht 12, 13, 19, 20	P (t-Test, zweiseitig)
A	12,49% ± 1,31%	8,44% ± 0,82%	< 0,025
B	61,49% ± 5,11%	45,66% ± 3,20%	< 0,025
C	20,45% ± 4,84%	28,01% ± 2,35%	> 0,05
D	2,30% ± 1,01%	10,66% ± 0,79%	< 0,0005
E	0,30% ± 0,50%	5,41% ± 1,55%	< 0,0005

West – Ost

Schlafstadien	Nacht 3, 4, 5, 6, 7	Nacht 12, 13, 19, 20	P (t-Test, zweiseitig)
A	3,90% ± 1,45%	3,55% ± 0,32%	> 0,05
B	20,91% ± 3,32%	19,62% ± 5,82%	> 0,05
C	36,25% ± 4,57%	35,27% ± 2,05%	> 0,05
D	27,33% ± 4,25%	31,65% ± 3,24%	> 0,05
E	4,25% ± 0,78%	7,17% ± 2,23%	> 0,05

(P)	(P)
A < 0,0025	A < 0,0025
B < 0,0005	B < 0,0050
C < 0,0250	C > 0,05
D < 0,0025	D < 0,0005
E < 0,0005	E > 0,050

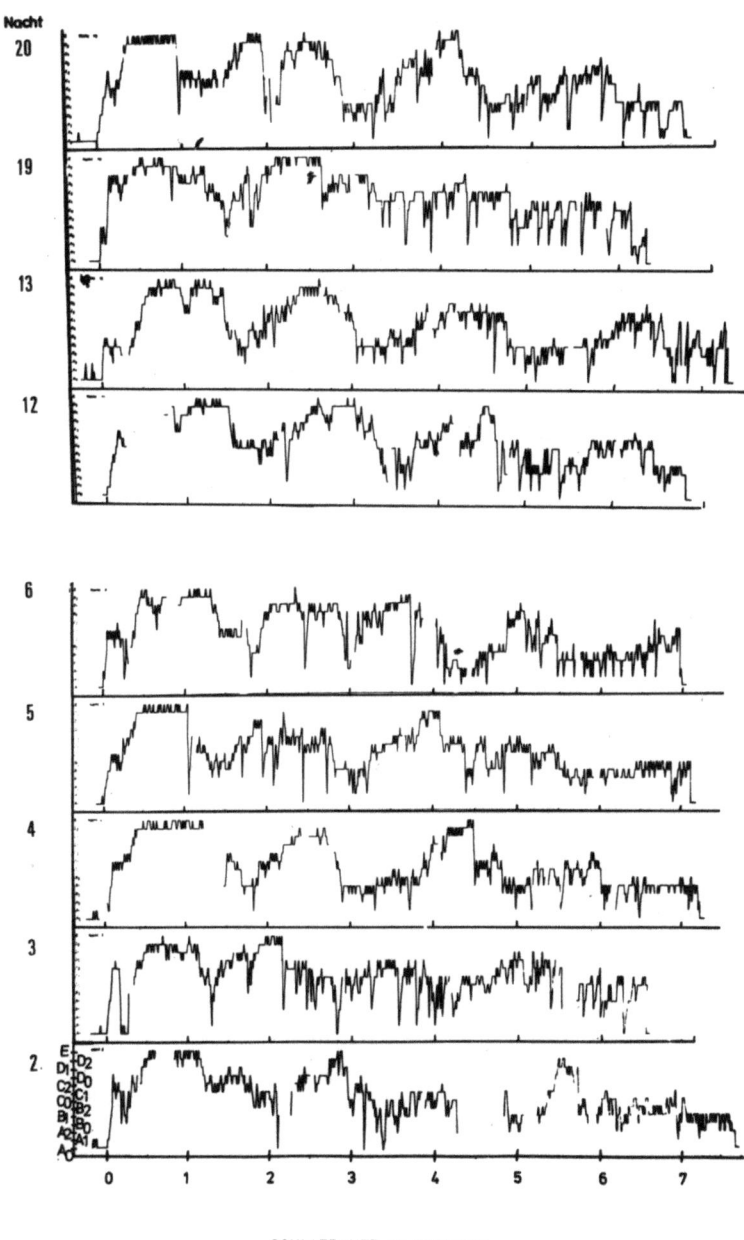

Abb. 2. Schlafstadienanalyse der Nächte 2, 3, 4, 5, 6, 12, 13, 19, 20 nach West-Ost-Flug mit einer Zeitverschiebung von 6 Stunden. Kaum gestörte Gliederung der Schlafzyklen

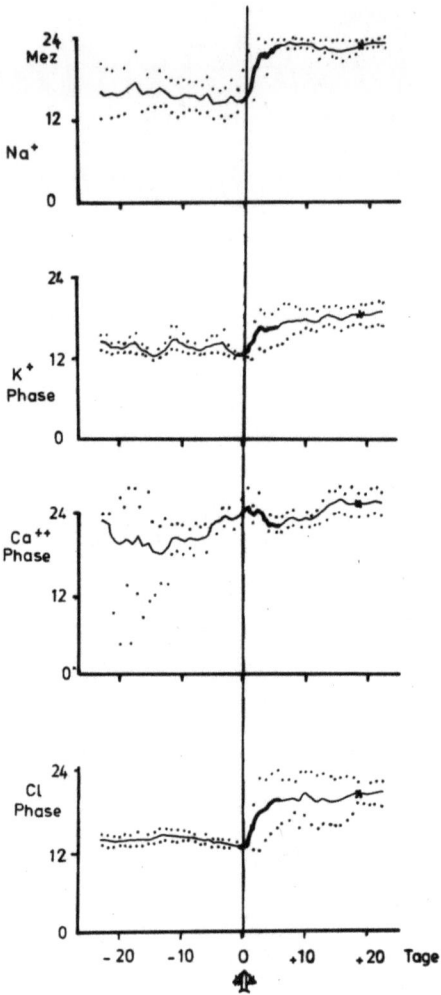

Abb. 3. Phasenlage des Maximums der Ausscheidung von Natrium, Kalium, Calcium und Chlor im Urin vor und nach Ost-West-Flug mit einer Zeitverschiebung von 6 Stunden. Der Flug ist mit einem Pfeil gekennzeichnet; Angabe der 90% Vertrauensintervalle

Tabelle 2. *Länge der Schlafzyklen in Minuten nach Ost-West- und West-Ost-Flug. Zeitverschiebung 6 Stunden. (P-Werte entsprechend zweiseitigem t-Test)*

Länge der Schlafzyklen	Nacht 3, 4, 5, 6, 7	12, 13, 19, 20
Ost – West	114,47 ± 7,94 Min.	100,61 ± 4,82 Min.
West – Ost	87,36 ± 3,79 Min.	86,55 ± 6,11 Min.
	p < 0,0025	P > 0,05

E auftrat, was einer weitgehenden Normalisierung der Anteile entsprach. Diese Unterschiede ließen sich auch für die Nächte 12, 13, 19 und 20 nach dem Flug nachweisen. Auch hier war nach dem Rückflug nach Deutschland der Anteil der Schlafstadien A und B gegenüber den gleichen Nächten nach Ost-West-Flug deutlich verringert, während die Schlafstadien C, D und E häufiger auftraten.

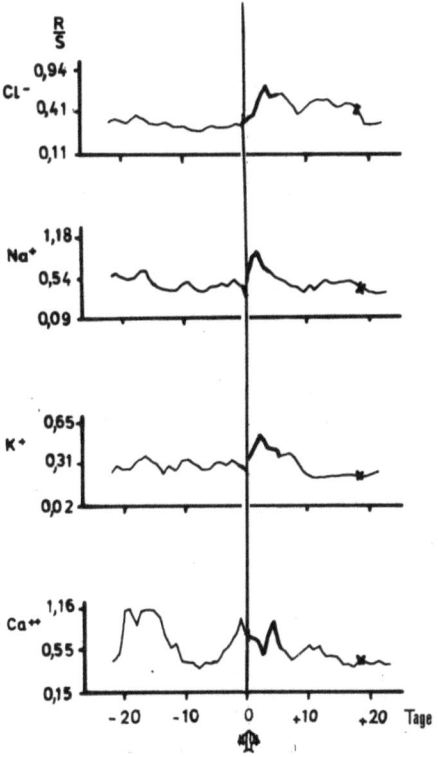

Abb. 4. Rausch-Signal-Quotient der 24-Stunden-Periodik der Elektrolytausscheidung im Urin (Chlor, Natrium, Kalium, Calcium) vor und nach Ost-West-Flug mit einer Zeitverschiebung von 6 Stunden. Der Flug ist mit einem Pfeil gekennzeichnet

Diskussion

Diese hier nur als Illustration angeführten Ergebnisse sind zu vergleichen mit den anderen, gesicherten Ergebnissen bei 5 Versuchspersonen nach entsprechender Phasenverschiebung infolge eines Interkontinentalfluges: Die Resynchronisation der Mundtemperatur-Rhythmik erfolgte nach Verlängerung einer Periode durch den Ost-West-Flug (von den Vereinigten Staaten nach Japan) deutlich schneller als nach Verkürzung einer Periode infolge des Rückflugs.

In einer anderen Studie konnte die unterschiedliche Anpassungsgeschwindigkeit für verschiedene Funktionen bei derselben Person nachgewiesen werden. Nach einem Flug von West nach Ost paßte sich die Rhythmik von Puls und Temperatur rascher als diejenige der Zeitschätzung an die neue Ortszeit an.

In einer weiteren Studie zeigte sich, daß der Verlust an geistiger Leistungsfähigkeit deutlicher nach dem West-Ost-Flug als nach dem Ost-West-Flug zu beobachten war (Abb. 5). Jedoch sind individuelle Unterschiede der Anpassungsgeschwindigkeit, die zumindest bei der Maus auch genetisch bedingt sein

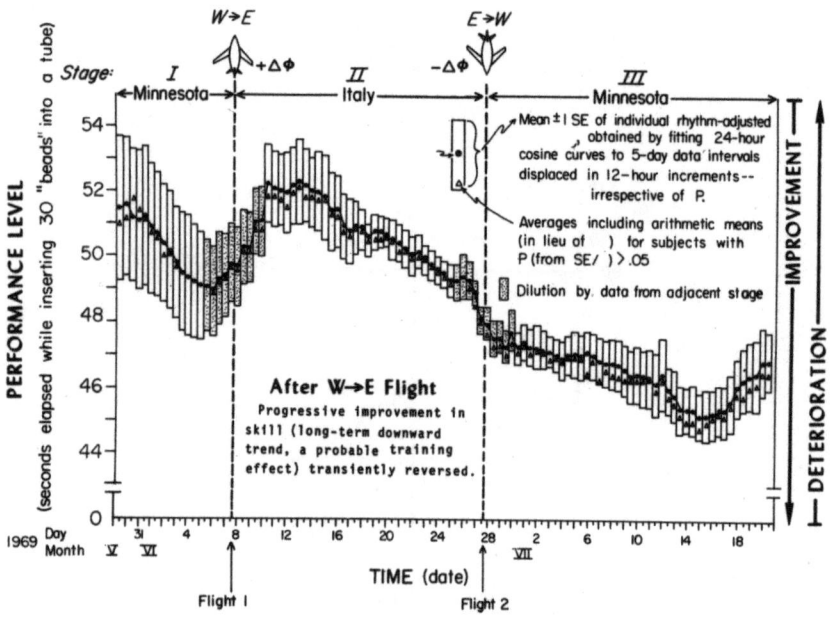

Abb. 5. Störung der geistigen Leistungsfähigkeit nach West-Ost- und Ost-West-Flug. Ergebnisse von 7 gesunden Versuchspersonen. Der deutliche Verlust an geistiger Leistungsfähigkeit ist nur nach West-Ost-Flug nachweisbar

können, zu betonen (Yunis u. Mitarb. 1973). Genauso wichtig erscheint auch die Früherfahrung: Bei der Maus läßt sich die Lebenserwartung verkürzen, wenn man im reifen Alter eine wöchentliche Umstellung bis ans Lebensende durchführt, und zwar des Licht-Dunkel-Wechsels, um die wöchentlich rotierende Schichtarbeit zu simulieren. Wenn man nun diese Umstellung schon vor der Geburt bei der Mutter beginnt, dann läßt sich die Verkürzung der Lebensspanne bei den Nachkommen infolge einer wöchentlichen Umkehr des Licht-Dunkel-Wechsels nicht mehr nachweisen, obwohl die wöchentliche Umkehr des Belichtungswechsels das ganze Leben durchgeführt wurde (Halberg u. Mitarb. 1973).

Von ganz besonderem Interesse bei diesen neuen Untersuchungen ist der zusätzliche Befund, daß eine zweimalig wöchentliche Umkehr des Belichtungswechsels im Vergleich zur einmal wöchentlichen Simulierung nicht schädigender wirkt (Abb. 6). So ist, auch von physiologischer Warte aus gesehen, nunmehr beim Menschen zu untersuchen, ob man auch in der Arbeitsplanung und Ergonomie mit der richtigen Frequenz des Schichtwechsels das Leben verlängern kann, genauso wie man mit der falschen Frequenz das Leben verkürzen kann.

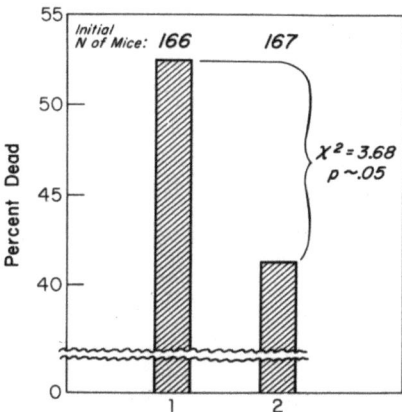

Abb. 6. Mortalität von Mäusen in Abhängigkeit von der Häufigkeit der Umstellung des Beleuchtungswechsels um 180°. (*1* eine Umstellung pro Woche, *2* eine Umstellung alle 3 bzw. 4 Tage)

Literatur

Agnew, H., Webb, W., Williams, R. (1966): The first night effect. Psychophysiol. *2*, 263.
Colquhoun, W. (1972): Aspects of Human Efficiency, Diurnal Rhythm and Loss of Sleep. London: The English Universities Press.
Gerritzen, F. (1963): The diurnal rhythm in water, chloride, sodium, and potassium during a rapid displacement from east to west and vice versa. Aerospace Med. *33*, 697.
Halberg, F. (1969): Chronobiology. Ann. Rev. Physiol. *31*, 675–725.
Halberg, F., Johnson, E., Nelson, W., Runge, W., Sothern, R. (1972): Autorhythmometry procedures for physiologic self-measurements and their analysis. Physiol. Teach. *1*, 1–11.
Halberg, F., Katinas, G., Chiba, Y., Garcia Sainz, M., Kovacs, T., Künkel, H., Montalbetti, N., Reinberg, A., Scherf, R., Simpson, H. (1973): Chronobiologic glossary of the international society for the study of biologic rhythms. Int. J. Chronobiol. *1*, 31–63.
Halberg, F., Nelson, W., Runge, W., Schmitt, O. (1967): Delay of circadian rhythm in rat temperature by phase shift of lighting regimen is faster than advance. Fed. Proc. *26*, 599.
Hartmann, E. (1968): The 90-minute sleep-dream cycle. Arch. Gen. Psychiat. *18*, 280.
Haus, E., Halberg, F., Nelson, W., Hillman, D. (1968): Shifts and drifts in phase of human circadian systems following intercontinental flights and in isolation. Fed. Proc. *27*, 224.
Kugler, J. (1966): Elektroencephalographie in Klinik und Praxis. Stuttgart: G. Thieme.
Yunis, E., Halberg, F., Mc Mullen, A., Roitman, B., Fernandes, G. (1973): Model studies of aging, genetics, and stable changing living routines – simulated by lighting regimen manipulation on the mouse. Int. J. Chronobiol. *1*, 368–369.

Anschrift der Verfasser: Dr. R. Ullner, Kinderklinik der Technischen Universität München, Kölner Platz 1, D-8000 München 40, Bundesrepublik Deutschland

Untersuchungen zur Circadianrhythmik der Körpertemperatur bei langsam und schnell rotierten Schichtplänen

P. Knauth und J. Rutenfranz

Institut für Arbeitsphysiologie an der Universität Dortmund

Mit 5 Abbildungen

Für die Gestaltung von Schichtplänen ist die Frage, ob bei vielen hintereinanderliegenden Nachtschichten eine Inversion circadianer Rhythmen möglich ist, von entscheidender Bedeutung.

Im Rahmen experimenteller Schichtarbeit wurden 3 extreme Schichtpläne im ersten Versuch mit 21 Nachtschichten hintereinander und in zwei weiteren Versuchen mit nur einzeln eingestreuten Nachtschichten bzw. zwei hintereinanderliegenden Nachtschichten miteinander verglichen.

1. Methodik

Die Abb. 1 stellt den Versuchsablauf dar. Im ersten Versuch arbeiteten 4 männliche Versuchspersonen zunächst 4 Tage in Tagschicht und danach 3 Wochen in Nachtschicht. Diese Versuche wurden durch vier Erholtage ohne Arbeit abgeschlossen. An den beiden folgenden Versuchsserien mit kurz rotierten Schichtsystemen (Abb. 1) nahmen jeweils 2 Versuchspersonen teil. Im 1-1-1 Schichtsystem wechselte die Schichtform täglich: erster Tag Frühschicht, zweiter Tag Spätschicht, dritter Tag Nachtschicht. Das 2-2-2 Schichtsystem („metropolitan rota") enthält jeweils zwei gleiche hintereinanderliegende Schichtformen (1. und 2. Tag Frühschicht, 3. und 4. Tag Spätschicht, 5. und 6. Tag Nachtschicht, 7. und 8. Tag frei). Die Versuchspersonen waren zwischen 21 und 28 Jahre alt und hatten keine Schichtarbeitserfahrung.

Bei der Arbeit handelte es sich um eine Montagetätigkeit an einem industriellen Arbeitsplatz im Institut. Die Versuchspersonen wohnten, arbeiteten, schliefen und verbrachten ihre Freizeit im Institut. Sie lebten aber nicht sozial isoliert.

Als Index einer eventuellen Anpassung an Nacht- und Schichtarbeit wurden die Körpertemperatur und die Herzfrequenz kontinuierlich über 24 Stunden registriert. Die Körpertemperatur wurde rektal mit einem Widerstandsthermometer gemessen. Das Meßkabel hatte eine Länge von 30 m und erlaubte der Versuchsperson die Begehung des gesamten Institutes. Das Thermometer hatte eine Meßgenauigkeit von 0,01° C. Die Herzfrequenz wurde telemetrisch übertragen und in Minutenabständen ausgedruckt. In regelmäßigen Abständen (alle 2,5 Std. während der Arbeit) wurden außerdem Urinproben gesammelt, Reaktionszeiten gemessen und Fragebogen zum subjektiven Befinden ausgeteilt. Im

Urin wurden die Komponenten Kalium, Natrium und Katecholamine bestimmt.

Im folgenden werden nur die Ergebnisse der Körpertemperaturmessung dargestellt.

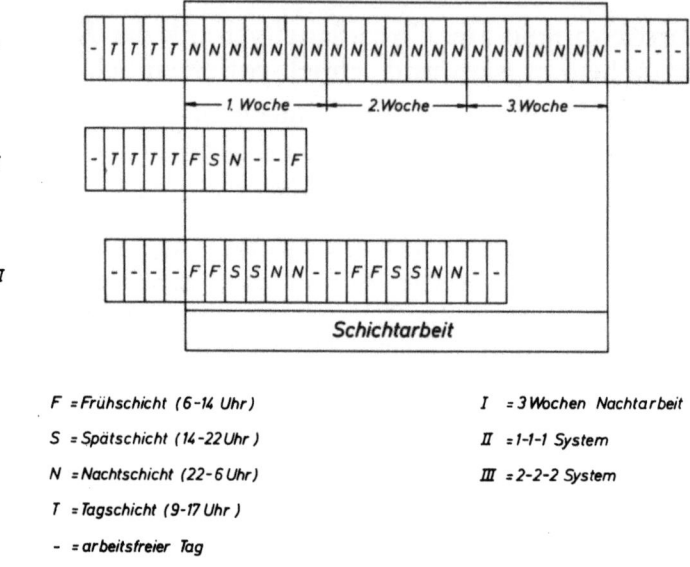

Abb. 1. Versuchsplan

2. Ergebnisse

Die Abb. 2 zeigt den durchschnittlichen Tagesgang der Körpertemperatur von 4 Versuchspersonen während der ersten Versuchsserie. In der ersten Zeichnung ist der Verlauf der Körpertemperatur bei Tagarbeit dargestellt. Während die Temperaturkurve am Tage der ersten Nachtschicht ähnlich wie bei Tagarbeit verlief, zeigte sich am Tage der zweiten Nachtschicht eine Amplitudenverkleinerung und eine Phasenverschiebung des Minimums in die Tagschlafzeit. Nach der anfänglichen Abflachung der Körpertemperaturkurve wurde die Amplitude innerhalb der ersten Nachtarbeitswoche (6.–8. Tag) wieder größer.

Im weiteren Verlauf der Nachtschichtperiode veränderte sich die Körpertemperaturkurve, abgesehen von einer geringfügigen Phasenverschiebung des Minimums, nicht wesentlich. Selbst nach 3wöchiger Nachtarbeit konnten wir noch keine vollständige Inversion der Körpertemperatur beobachten. Das Minimum der Körpertemperatur wurde zwar in die Tagschlafzeit phasenverschoben, die Phasenlage des Maximums änderte sich dagegen nicht entsprechend.

Die Abb. 3 gibt einen Überblick über die Phasenverschiebungen des Temperaturminimums und -maximums im Laufe des Versuches bei zwei Versuchspersonen. Aus der Abb. 3 erkennt man, daß während der Tagarbeitswochen keine wesentlichen Phasenverschiebungen der Temperaturminima beobachtet wurden.

In der Nachtarbeitsperiode war die Bestimmung des Temperaturminimums nicht schwierig. Das jeweilige Maximum konnte dagegen nicht immer eindeutig festgestellt werden, da an manchen Tagen zwei Temperaturmaxima vorlagen, die sich nur geringfügig in der Höhe unterschieden.

Bei der ersten (linken) Versuchsperson war das Minimum der Körpertemperatur erst nach der 3. Nachtschicht in die Tagschlafzeit verschoben. Das Minimum der zweiten (rechten) Versuchsperson lag dagegen schon nach der

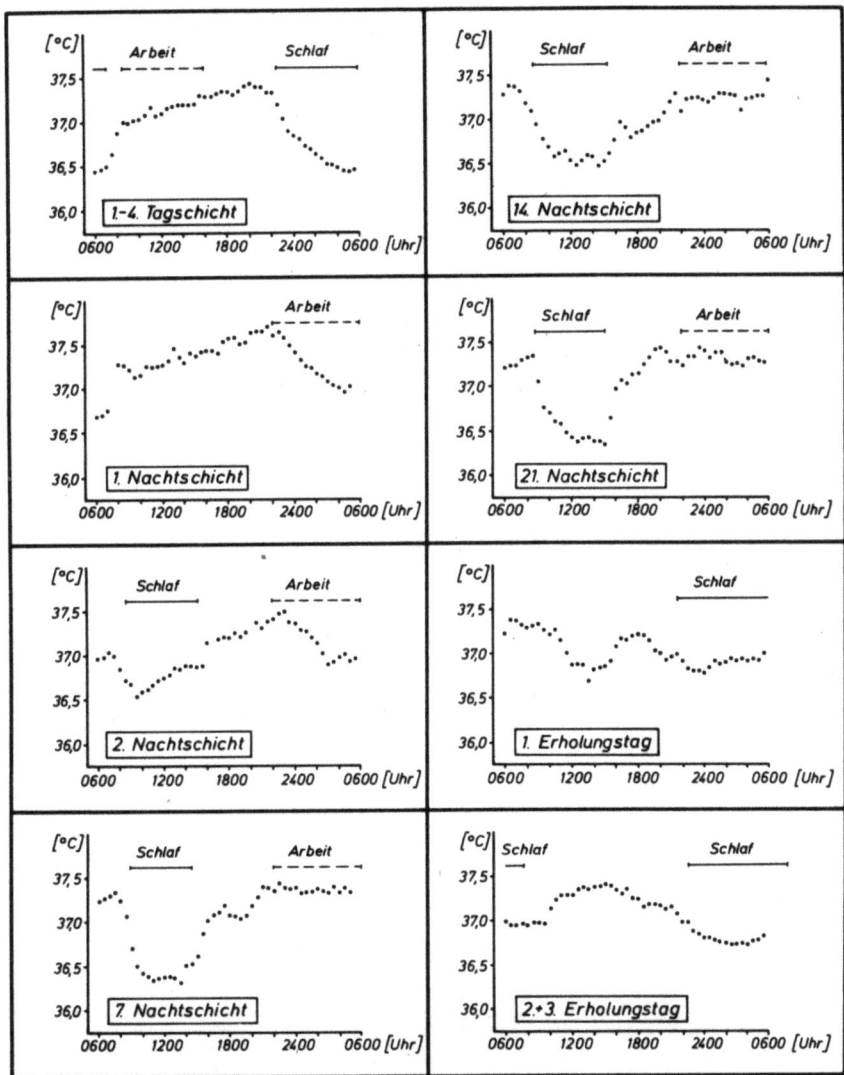

Abb. 2. Circadianrhythmik der Rektaltemperatur bei 3 Wochen Nachtarbeit (4 Vpn.)

94   P. Knauth und J. Rutenfranz

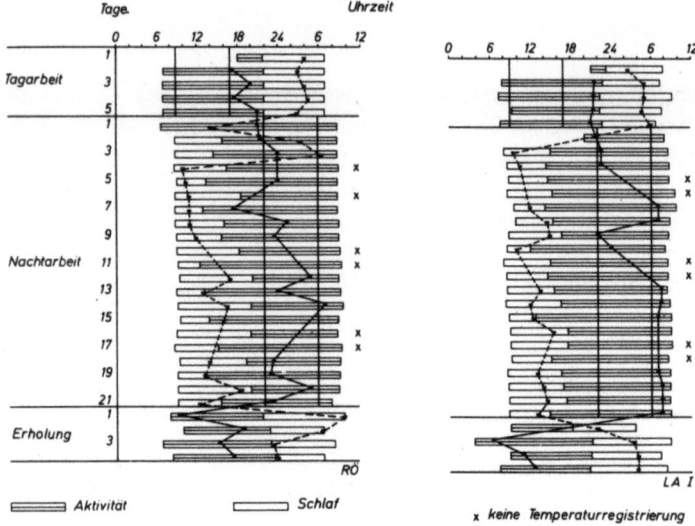

Abb. 3. Phasenlage von Maxima und Minima der Rektaltemperatur bei zwei Versuchspersonen

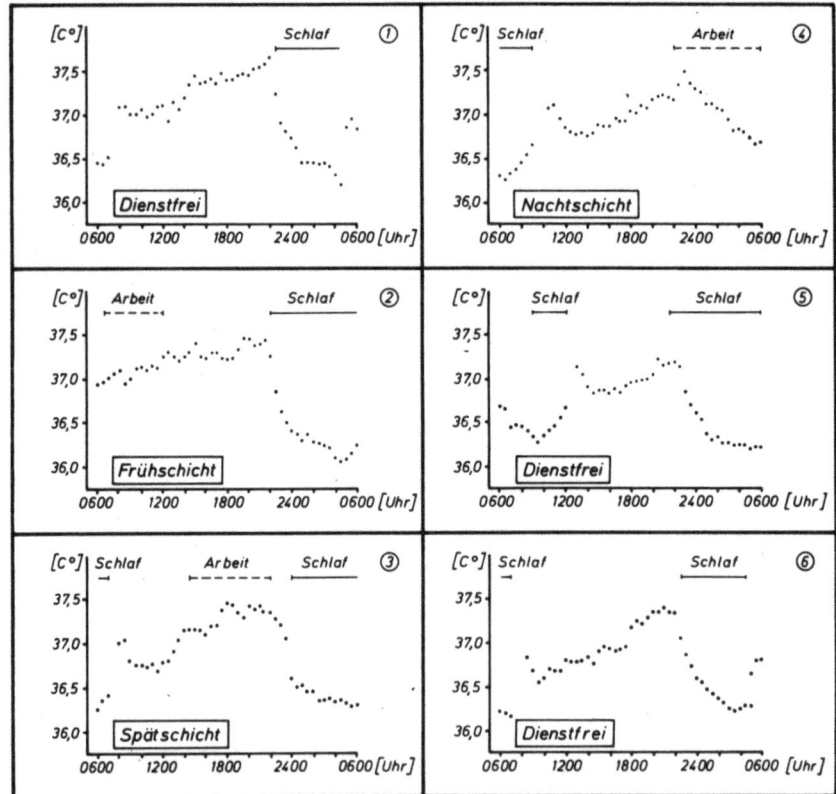

Abb. 4. Circadianrhythmik der Rektaltemperatur bei schnell rotiertem Schichtwechsel
(1-1-1 Schichtsystem, 2 Vpn.)

ersten Nachtschicht in der Tagschlafphase. Die Körpertemperatur der beiden anderen Versuchspersonen, die hier nicht dargestellt ist, zeigte das gleiche Verhalten, d. h. eine Phasenverschiebung des Minimums schon nach der ersten Nachtschicht. Im Laufe der ersten Nachtarbeitswoche wanderte dann das Minimum der Körpertemperatur bei allen 4 Versuchspersonen von der ersten in die zweite Schlafhälfte.

Die Abb. 4 zeigt den durchschnittlichen Verlauf der Körpertemperatur von zwei Versuchspersonen im 1-1-1 Schichtsystem. Im Vergleich zur dreiwöchigen Nachtarbeit wies die Körpertemperatur in diesem kurz rotierten Schichtsy-

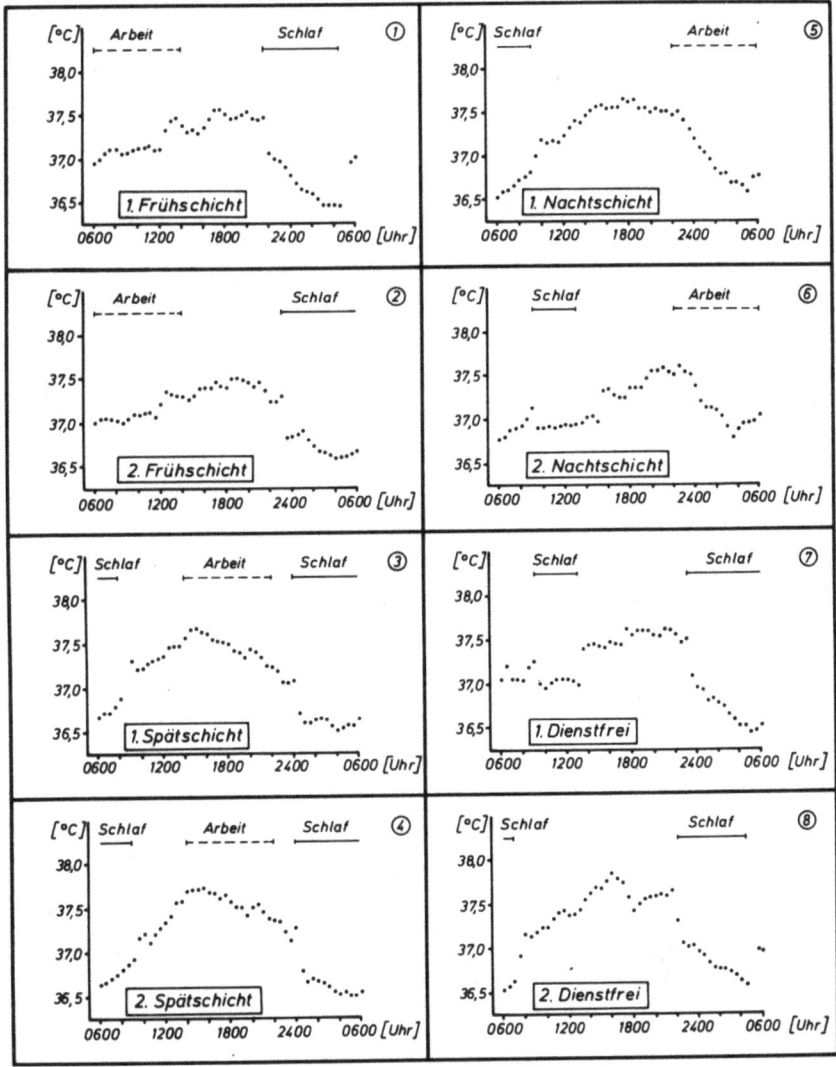

Abb. 5. Circadianrhythmik der Rektaltemperatur bei schnell rotiertem Schichtwechsel (2-2-2 Schichtsystem, 2 Vpn.)

stem an allen Tagen einen ähnlichen Verlauf auf. Das absolute Minimum blieb immer zwischen 4.30 und 7.00 Uhr. Nur am ersten dienstfreien Tag nach der Nachtschicht wurde ein zweites Minimum in der Tagschlafzeit beobachtet. Die Amplitude veränderte sich im Laufe des Schichtplanes nicht wesentlich.

Die durchschnittlichen Temperaturkurven von zwei Versuchspersonen im 2-2-2 Schichtsystem sind in Abb. 5 dargestellt. Vor allem in der zweiten Frühschicht und der zweiten Nachtschicht wurde eine Abflachung der Kurven gefunden. In der zweiten Nachtschicht fällt neben dem absoluten Minimum der Körpertemperatur ein zweites Minimum in der Tagschlafzeit auf. Das absolute Minimum blieb auch in diesem kurz rotierten Schichtsystem immer zwischen 4.00 und 6.00 Uhr.

3. Diskussion

Faßt man die Ergebnisse der Körpertemperaturmessung zusammen, so ergaben sich

a) nach 21tägiger Nachtarbeit nur eine Teilanpassung, aber keine vollständige Inversion der Körpertemperatur,

b) die größten Veränderungen der Circadianrhythmik der Rektaltemperatur innerhalb der ersten Nachtarbeitswoche und

c) schon nach der ersten Nachtschicht geringfügige Veränderungen der Temperaturverläufe durch die Verschiebung des Schlafes in die Tagzeit.

Da auch bei langdauernden Nachtschichtperioden keine vollständige Anpassung der Körpertemperatur an Nachtarbeit beobachtet wurde, empfehlen wir kurz rotierte Schichtsysteme mit möglichst nur einzelnen eingestreuten Nachtschichten.

Anschrift der Verfasser: Dr. P. Knauth, Institut für Arbeitsphysiologie an der Universität Dortmund, Ardeystraße 67, D-4600 Dortmund, Bundesrepublik Deutschland.

Biologische Tagesrhythmen bei unterschiedlicher Anordnung der Arbeitszeit

K. Pettersson-Dahlgren*

Department of Psychology, University of Stockholm, Stockholm

Mit 6 Abbildungen

Auf der Suche nach optimalen Schichtsystemen ist es oft schwierig, eine Lösung zu finden, die sowohl den sozialen als auch den psychophysiologischen Belangen gerecht wird. Für den Arbeiter ist es einfacher, sich mit den sozialen Schwierigkeiten, die mit einem bestimmten Schichtsystem verbunden sind, abzufinden, als abzuschätzen, wie gut sich sein Schlaf-Wach-Zyklus an dieses System anpassen wird. In dieser Hinsicht haben die Forschungsergebnisse bisher noch nicht genügend Aufschluß über die Anpassung der circadianen Rhythmen an die verschiedenen Schichtsysteme erbracht.

Die meisten Untersuchungen über die Anpassung circadianer Rhythmen an ungewohnte Arbeitszeiten haben sich mit rotierenden Schichtsystemen beschäftigt, insbesondere im Hinblick auf die Nachtschicht, die für den Arbeiter die größten Anpassungsschwierigkeiten mit sich bringt. Bei kurzdauernder Nachtarbeit scheint eine Abflachung der Rhythmen im Vergleich zur vollständigen Umkehr die bestmögliche Form der Anpassung zu sein (vgl. Colquhoun und Edwards 1970).

Es gibt einige Arbeiten, die darauf hinweisen, daß längere Perioden mit Nachtarbeit oder dauernde Nachtarbeit zu einer besseren Anpassung führen (Teleky 1943; Conroy u. Mitarb. 1970). Anhalte für eine Langzeitanpassung an Nachtarbeit wurden bei Arbeitern gefunden, die für dreizehn Wochen von der Tag- zur Nachtarbeit überwechselten (Bonjer 1960; van Loon 1963). Obgleich auch hier die Körpertemperaturkurve an jedem Wochenende wieder zur normalen circadianen Phasenlage zurückkehrte, wurde im Laufe der Wochen mit Nachtarbeit ein immer schnellerer Übergang zur inversen Verlaufsform beobachtet.

Hauptzweck der vorliegenden Untersuchungen war es, das Ausmaß der Anpassung sowohl der physiologischen als auch der psychologischen Funktionen an verschiedene Arten der Arbeitszeitordnung festzustellen. Darüber hinaus war die Frage von Interesse, ob sich innerhalb einer Schichtperiode Änderungen im Grade der Anpassung feststellen lassen. In einer Untersuchungsreihe, die in ein und demselben Betrieb – einer schwedischen Zeitungsdruckerei – und an mit ähnlichen Tätigkeiten befaßten Arbeitern durchgeführt wurde,

---

* Deutsche Übersetzung von G. Hildebrandt, H. Strempel und H. Uhrmann.

wurden verschiedene Systeme von permanenter und rotierender Schichtarbeit untersucht.

Das Interesse konzentrierte sich auf Messungen, die sich auf das allgemeine Aktivierungsniveau beziehen, z. B. Catecholamin-Ausscheidung, Körpertemperatur, subjektive Wachheit und Reaktionsleistung. Es wurde bereits in früheren Untersuchungen gefunden, daß sowohl die Catecholamin-Ausscheidung als auch die Körpertemperatur einen mit der subjektiven Wachheit und Leistungsfähigkeit übereinstimmenden Tagesgang aufweisen (Fröberg u. Mitarb. 1972; Colquhoun 1971).

Wir sind davon ausgegangen, daß permanent eingehaltene Arbeitszeiten zu einer besseren Anpassung an unübliche Arbeitszeiten führen als rotierende Systeme. Es wurden bisher untersucht: Dauer-Nachtschicht, wöchentlich alternierende Tag- und Nachtschicht, Dauer-Frühschicht.

Untersuchungsanordnung

Alle Untersuchungen wurden in ähnlicher Weise durchgeführt, wobei die Dauer-Nacht- und Dauer-Frühschichtarbeiter an drei Tagen pro Arbeitswoche kontrolliert wurden. Die Wechsel-Schichtarbeiter wurden während der Nachtschichtwoche an drei Tagen, während der Tagschichtwoche an ein oder zwei Tagen untersucht.

Messungen der Körpertemperatur, der Adrenalin- und Noradrenalinausscheidung im Urin, der Leistung in einem Wahl-Reaktionstest und Selbsteinschätzungen der subjektiven Wachheit und Stimmung wurden drei- bis viermal während der Arbeitszeit vorgenommen. Körpertemperatur und subjektive Schätzungen wurden auch außerhalb der Arbeitszeiten kontrolliert, außerdem wurde der Nachturin bis zum Aufstehen gesammelt. Zur Gewinnung allgemeiner Informationen über die Lebensbedingungen wurden Fragebögen ausgegeben, z. B. über den früheren Tagesgang des Befindens, die Arbeitszufriedenheit, psychosomatische Symptome etc. Sämtliche Untersuchungen wurden während der Sommermonate unter ähnlichen Bedingungen hinsichtlich Außentemperatur und Beleuchtung durchgeführt.

Alle Daten wurden einer „two-way analyses of variance" nach McNemar (1960) unterworfen, deren Faktoren Tageszeit und Versuchspersonen waren. Jeder Tag wurde einzeln ausgewertet.

Dauer-Nachtschicht

Die Gruppe der Dauer-Nachtschichtarbeiter bestand aus 24 Druckern mit einem mittleren Alter von 42 Jahren (23–60 Jahre) und einer durchschnittlichen Schichterfahrung mit diesem System von 9 Jahren ($1/2$–40 Jahre). Sie arbeiteten in einem kontinuierlichen Nachtschichtsystem, wobei nach sechs von 21.00 bis ca. 4.00 Uhr dauernden Arbeitsnächten jeweils drei freie Tage folgten. Sie wurden am 1., 3. und 5. Tag ihrer Arbeitswoche untersucht.

Die Ergebnisse zeigten, daß für alle Variablen signifikante Unterschiede zwischen den Untersuchungstagen bestanden, mit Ausnahme der Körpertemperatur, die lediglich am dritten Tage eine signifikante Veränderung aufwies (Tab. 1). Die Veränderungen der physiologischen Variablen sind gekennzeichnet durch einen Anstieg am Beginn oder zur Mitte der Arbeitsperiode, gefolgt von einem raschen Abfall, während sowohl die Reaktionsleistung als auch die subjektive Wachheit zu Beginn der Arbeitsperiode am höchsten waren (Abb. 1). Beim Vergleich der drei Untersuchungsnächte ist das Muster der Variabilität ziemlich ähnlich, das einzige Zeichen einer Verbesserung vom 1. bis zum 5. Tage war ein signifikanter Abfall des Adrenalinspiegels während des Schlafs (t = 2,52, p < 0,05). Gleichzeitig nahm in diesem Zeitabschnitt die durchschnittliche Schlafdauer von 6 auf 7 Stunden zu (Tab. 2).

Hinsichtlich des Verlaufs der Veränderungen während der Arbeit muß bei diesen Untersuchungen darauf hingewiesen werden, daß die übliche Folge Schlaf-Arbeit-Freizeit für alle Arbeiter in Arbeit-Schlaf-Freizeit umgeändert wurde; es könnte daraus geschlossen werden, daß die Beibehaltung eines hohen Aktivitätsniveaus während der ganzen Arbeitsperiode nicht sinnvoll wäre im Hinblick auf die Forderung, bald nach Arbeitsschluß schlafen zu gehen. Da überdies Nachtarbeiter für gewöhnlich die Reihenfolge Arbeit-Schlaf-Freizeit bevorzugen, kann durchaus zur Diskussion gestellt werden, ob nur eine Phasenverschiebung der Circadianrhythmen um volle 12 Stunden (180°) als ein Zeichen optimaler Anpassung gewertet werden kann. Es scheint vielmehr, daß eine Phasenverschiebung von etwa 8 Stunden funktionsgerechter wäre.

Tabelle 1. *F-Quotienten der „two-way analyses of variance" der Meßdaten von den Dauernachtschichtarbeitern, Wechselschichtarbeitern und Dauerfrühschichtarbeitern*.

Days of observation	F	df	2-way ANOVA Temperature		General activation		Reaction time	
			F	df	F	df	F	df
Permanent night work								
1st night	6.9***	4/84	0.6	4/80	7.3***	4/80	5.9**	2/40
3rd night	6.2***	4/84	5.8***	4/80	8.6***	4/80	8.3***	2/40
5th night	9.9***	4/84	2.1	4/80	3.8**	4/80	2.7	2/40
Shift work – study 1								
1st night	1.4	4/48	8.1**	6/72	7.2**	6/72	1.2	2/24
4th night	4.7**	4/48	13.1**	6/72	14.3**	6/72	0.5	2/24
7th night	1.9	4/48	5.9**	6/72	6.6**	6/72	0.7	2/24
3rd day	4.1**	4/48	9.1**	6/72	2.0	6/72	0.9	2/24
Shift work – study 2								
1st night	0.9	3/42	5.0***	6/78	1.9	6/78	0.1	2/28
4th night	3.5	3/39	6.1***	5/65	3.2*	5/65	2.7	2/26
7th night	0.9	3/39	5.0***	5/55	2.1	5/60	0.4	2/26
2nd day	1.5	3/33	7.3***	7/77	6.2***	7/77	0.4	2/24
Permanent morning work								
1st day	6.2***	3/72	7.9***	7/140	13.4***	7/147		
3rd day	20.0***	3/69	13.8***	7/140	13.2***	7/140		
6th day	16.4***	3/69	16.3***	7/133	14.5***	7/133		

Wechselschicht

Die Versuchspersonengruppe, die in einem Zwei-Schichten-System arbeitete, bestand aus 13 Schriftsetzern mit einem Durchschnittsalter von 40 Jahren (25–55 Jahre).

Sie alternierten zwischen 7 aufeinanderfolgenden Nächten mit Nachtschicht und einer Woche Tagarbeit, die sich zusammensetzte aus einem freien Tag,

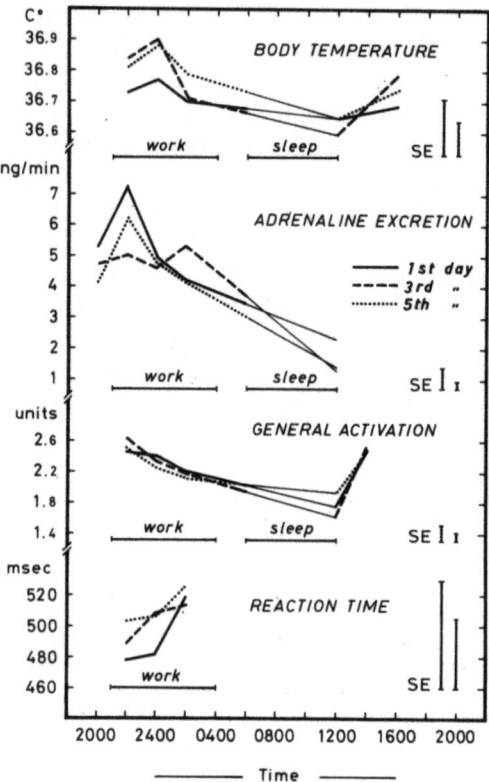

Abb. 1. Mittlerer Verlauf der Körpertemperatur, der Adrenalin-Ausscheidung im Harn, der subjektiven Wachheit sowie der Wahl-Reaktionszeiten bei Dauernachtschichtarbeitern. Für jede Variable ist das Maximum und das Minimum des Standardfehlers angegeben

Tabelle 2. *Schlafdauer in Stunden und Minuten für Dauernachtschichtarbeiter, Wechselschichtarbeiter und Dauerfrühschichtarbeiter*

Night workers		Shiftworkers	Study 1	Study 2	Morning workers	
1st night	6:05	1st night	6:08	5:44	1st day	5:04
3rd night	6:44	4th night	6:34	6:04	3rd day	5:31
5th night	7:05	7th night	5:55	6:05	6th day	5:01
		1st day		6:17		
		2nd day	7:23	6:39		

zwei Tagen mit Arbeit zwischen 7.30 und 16.30 Uhr und wieder vier freien Tagen. Diese Gruppe wurde zweimal untersucht, das erste Mal einige Wochen nach einer Änderung der nächtlichen Arbeitsstunden und das zweite Mal ein Jahr später in einer Wiederholungsuntersuchung. Dabei waren die Arbeitszeiten von bisher fünf Nächten mit einer Arbeitszeit von 18.30 bis 2.30 und zwei

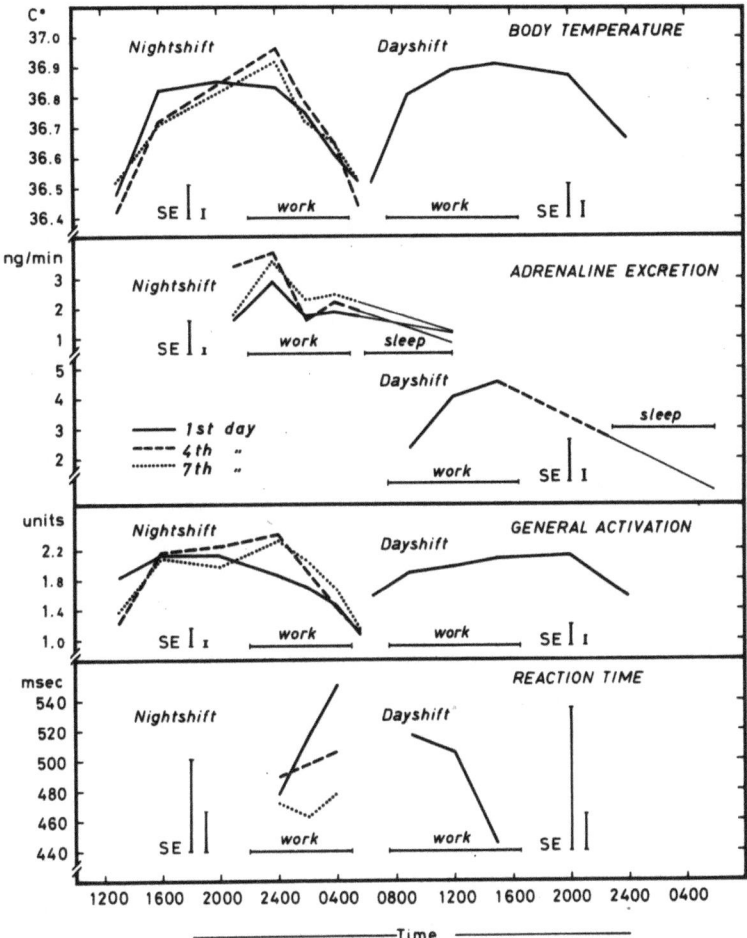

Abb. 2. Mittlerer Verlauf der Körpertemperatur, der Adrenalin-Ausscheidung im Harn, der subjektiven Wachheit und der Wahl-Reaktionszeiten am 1., 4. und 7. Tag der Nachtschichtwoche sowie während des 2. Arbeitstages der Tagschichtwoche bei Wechselschichtarbeitern der ersten Versuchsreihe

Nächten mit Arbeitszeit von 22.30 bis 6.00 Uhr auf eine allnächtliche Arbeitszeit von 22.30 bis 6.00 Uhr geändert worden (Arbeitsbeginn variierend um ½ bis 1½ Stunden während dreier Nächte). Die Arbeiter waren in der vorherigen Arbeitszeitordnung seit ½ bis zu 12 Jahren tätig gewesen. Die Untersuchungen wurden am 1., 4. und 7. Tag der Nachtschichtwoche sowie in der ersten

Untersuchungsreihe an einem und in der zweiten Untersuchungsreihe an beiden Arbeitstagen der Tagschichtwoche durchgeführt.

Die Ergebnisse der ersten Untersuchungsreihe zeigten signifikante Veränderungen der Körpertemperatur sowie des subjektiven Wachheitsgrades während aller Tage der Nachtschichtperiode, während die Unterschiede in der Adrena-

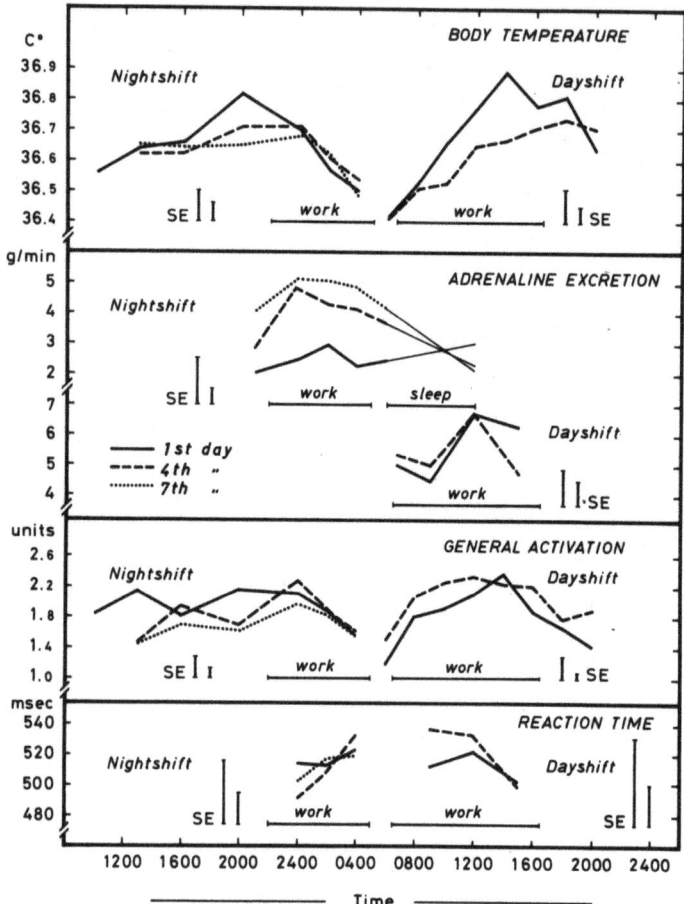

Abb. 3. Mittlerer Verlauf der Körpertemperatur, der Adrenalin-Ausscheidung im Harn, der subjektiven Wachheit und der Wahl-Reaktionszeiten am 1., 4. und 7. Tag der Nachtschichtwoche sowie während des 1. und 2. Arbeitstages der Tagschichtwoche bei Wechselschichtarbeitern in der Wiederholungsuntersuchung

lin-Ausscheidung nur in der vierten Nacht signifikant waren (Tab. 1). Im allgemeinen zeigten die Variablen stärkere Schwankungen während der Tagarbeit. Die Veränderungen der Reaktionszeit waren nicht signifikant, was wahrscheinlich auf die sehr großen interindividuellen Unterschiede zurückzuführen ist. Bei einem Vergleich der drei Untersuchungsnächte der Nachtschichtperiode ergaben sich einige Anhalte für eine Verbesserung im Laufe der Woche (Abb. 2).

So wurden die Maximalwerte der Körpertemperatur wie auch des subjektiven Empfindens in der 4. und 7. Nacht später erreicht als in der 1., was mit einem Anstieg des Adrenalinspiegels einherging. Die Leistung im Reaktionstest verbesserte sich im Laufe der Woche und erreichte die besten und stabilsten Ergebnisse während der letzten Nacht. Es fanden sich jedoch keine Anzeichen für eine Verbesserung des Schlafes im Laufe der Woche, weder hinsichtlich der Schlafdauer (Tab. 2) noch hinsichtlich der Adrenalin-Ausscheidung im Nachtharn.

An der Wiederholungsuntersuchung konnten nur 8 Teilnehmer der ersten Untersuchung teilnehmen, während 5 Versuchspersonen neu hinzukamen. Diese neuen Teilnehmer hatten jedoch schon genauso lange in dieser Schichtordnung gearbeitet, waren aber zur Zeit der ersten Untersuchung im Urlaub gewesen. Da die getrennte Auswertung der Daten der alten und neuen Teilnehmer sehr ähnliche Ergebnisse erbrachte, werden diese im folgenden gemeinsam dargestellt.

In dieser Untersuchungsreihe veränderte sich nur die Körpertemperatur an allen Untersuchungstagen zwischen den Zeitabschnitten signifikant, obgleich die Maxima außerhalb der Arbeitsstunden erreicht wurden (Abb. 3). Das allgemeine Aktivitätsniveau zeigte einen wellenförmigen Verlauf während aller Beobachtungstage der Nachtschichtperiode, wohingegen die signifikanten Veränderungen während der Tagschicht wieder ein circadianes Muster aufwiesen. Die Reaktionsleistung war jeweils zu Beginn der nächtlichen Arbeit am besten. Im allgemeinen fanden sich keine Anhalte für eine Verbesserung während der Tag- oder Nachtschicht, lediglich das Niveau der Adrenalin-Ausscheidung stieg während der Nachtschichtwoche an.

Im Vergleich zur ersten Untersuchungsreihe zeigten alle Variablen eine Tendenz zur Abflachung ihres tagesrhythmischen Ganges, sogar bei der Tagschicht. Dieser Befund kann möglicherweise so interpretiert werden, daß zur Zeit der ersten Untersuchungsreihe die Arbeiter noch an die Arbeitszeiten vor dem Wechsel synchronisiert waren, und daß die einjährige Erfahrung mit der neuen Arbeitszeitordnung zu einer Abflachung der circadianen Rhythmen führte. Es ist offensichtlich ein Unterschied, ob die Arbeitszeit der Nachtschicht vorwiegend von 18.30 bis 2.30 Uhr oder von 22.30 bis 6.00 Uhr dauert, was auch aus den vielen Klagen der Arbeiter im Zusammenhang mit dem Wechsel zu entnehmen war.

Dauer-Frühschicht

An der Untersuchungsreihe zur Dauer-Frühschicht waren 24 Schriftsetzer beteiligt. Sie hatten ein mittleres Alter von 38 Jahren (25–63 Jahre) und hatten in diesem System durchschnittlich 10 Jahre gearbeitet. Sie arbeiteten in einem kontinuierlichen Frühschichtsystem aus sieben Tagen Arbeit, gefolgt von drei oder vier freien Tagen. Die Arbeitszeit lag von 5.00 bis 14.00 Uhr, gelegentlich auch zwischen 6.00 und 15.00 Uhr. Die Probanden wurden am 1., 3. und 6. Tag der Arbeitswoche untersucht.

Vorläufige Ergebnisse dieser erst kürzlich abgeschlossenen Untersuchungen liegen für die Körpertemperatur und den subjektiven Wachheitsgrad vor. Für diese beiden Variablen wurde eine signifikante Veränderung während aller Tage gefunden (Abb. 4). Das Muster der Veränderungen ist dadurch charakterisiert, daß die Maxima früher am Tage erreicht wurden, als dies für die Körpertemperatur bei normalen Tagarbeitern in früheren Untersuchungen beobachtet worden ist (vgl. Colquhoun 1971). Es bestanden dabei kaum Differenzen im Tagesmuster zwischen den drei Beobachtungstagen.

Das Hauptproblem bei diesem Schichtsystem scheint eine Akkumulierung des Schlafdefizits im Laufe der Arbeitswoche zu sein, die auf die Schwierigkeit, abends früh zu Bett zu gehen, zurückzuführen ist. Die durchschnittliche

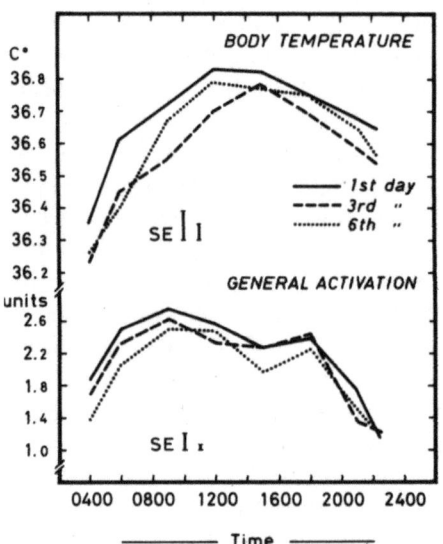

Abb. 4. Mittlerer Verlauf der Körpertemperatur sowie der subjektiven Wachheit am 1., 3. und 6. Tag der Arbeitswoche bei den Dauerfrühschichtarbeitern

Schlafdauer war mit 5 Stunden kürzer als sowohl für die Nacht- wie auch die Wechselschichtarbeiter (Tab. 2). Die Daten zur subjektiven Einschätzung der Schlafqualität sind für die drei Gruppen der Arbeiter noch nicht verglichen worden.

Zusammenstellung der Körpertemperaturkurven

Um einen Anhalt zu finden, wie gut sich jede der drei Gruppen an ihre jeweilige Arbeitszeitordnung anpaßte, wurde ein Vergleich der Körpertemperaturkurven während des jeweils letzten Beobachtungstages vorgenommen, für die Wechselschichtarbeiter auch des letzten Arbeitstages der Tagschichtperiode. Die Ergebnisse sind in Abb. 5 dargestellt. Als Vergleichswerte wurden die Ergebnisse von Colquhoun (1971) über die normale tägliche Schwankung der Körpertemperatur benutzt. Es zeigt sich, daß sowohl die Dauer-Nachtarbeiter als auch die Wechselschichtarbeiter der ersten Untersuchungsreihe eine Verschiebung ihres Temperaturrhythmus im Sinne einer Phasenverspätung durchmachen. Sowohl die Wechselschichtarbeiter am Tage als auch die Dauer-Frühschichtarbeiter erreichen im Vergleich zu Colquhouns Probanden das Maximum zu einer früheren Tageszeit, jedoch kommt es bei den Dauer-Frühschichtarbeiten zu einem früheren Abfall im Vergleich zu den Wechselschichtarbeitern. Die Tendenz zur Abflachung der Temperaturgänge in der Wiederholungsuntersuchung kann im rechten Teil der Abbildung abgelesen werden.

Insgesamt zeigen also sowohl die Dauer-Nachtschicht- als auch die Dauer-Frühschichtarbeiter wenig Neigung zur Verbesserung während der Arbeits-

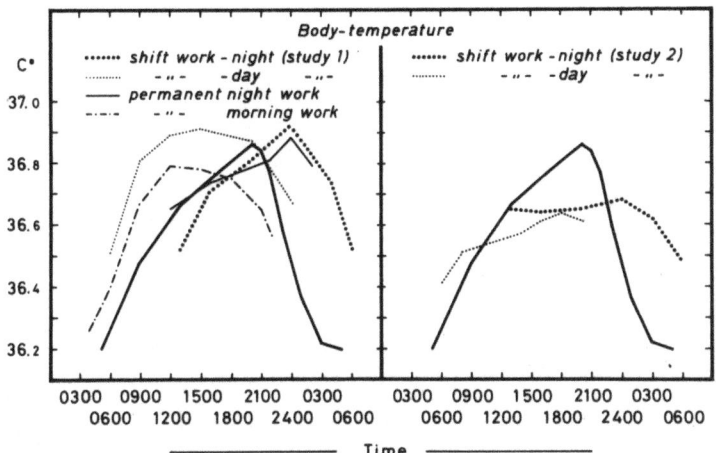

Abb. 5. Vergleich der Körpertemperaturkurven am jeweils letzten Beobachtungstag bei Dauernachtschichtarbeitern, Dauerfrühschichtarbeitern sowie Wechselschichtarbeitern während der Tag- und der Nachtschicht (linker Abbildungsteil) und für Wechselschichtarbeiter in der Wiederholungsuntersuchung (rechter Abbildungsteil). In beiden Abbildungsteilen ist zum Vergleich der Tagesgang der Körpertemperatur von Tagarbeitern nach Befunden von Colquhoun (1971) aufgetragen (dicke durchgezogene Linie). (Mit Genehmigung des Verlages Academic Press, London)

woche. Dies könnte als ein Zeichen der Langzeitanpassung an ihre Arbeitszeitordnungen gewertet werden, und demnach müßte eine langzeitig gleichbleibende Arbeitszeiteinteilung die Voraussetzung für eine stabilere Adaptation sein. Auch die Wechselschichtarbeiter aus der Wiederholungsuntersuchung zeigten keinerlei Zeichen einer verbesserten Anpassung. Es ist daher möglich, daß sich eine Langzeitadaptation bei Wechselschichtarbeitern in einer stabilisierten Abflachung der circadianen Rhythmen anzeigt, so daß die Arbeiter sich sowohl am Tage als auch während der Nachtarbeit schlecht synchronisieren. Darüber hinaus zeigen die Ergebnisse der ersten und zweiten Wechselschichtuntersuchungen die Bedeutung des Zeitpunkts von Arbeitsbeginn und -ende bei Nachtschichten.

Interindividuelle Unterschiede

Abschließend möchten wir auf einen besonderen interindividuellen Unterschied in der Circadianrhythmik hinweisen, der für die Diskussion der Anpassung an verschiedene Arbeitszeitordnungen von Bedeutung sein dürfte.

Es bestehen sowohl bei den physiologischen als auch bei den psychologischen Schwankungen im Tageslauf Unterschiede zwischen den sogenannten Morgen- und Abendtypen. Nach Untersuchungen an Studenten zeigen Morgentypen Tagesrhythmen, die durch ein früh am Tage erreichtes Maximum

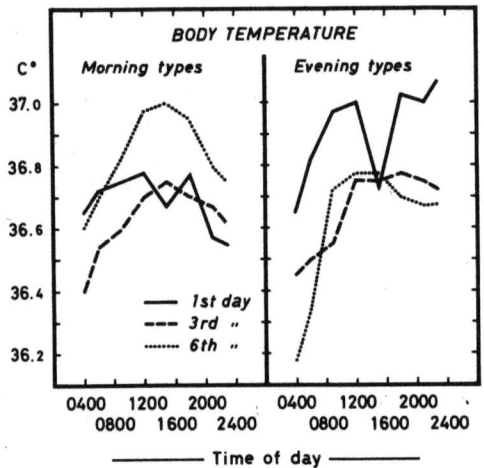

Abb. 6. Mittlerer Verlauf der Körpertemperatur bei den Morgen- und Abendtypen unter den Dauerfrühschichtarbeitern jeweils am 1., 3. und 6. Tag der Arbeitswoche

charakterisiert sind, während Abendtypen ihr Maximum abends erreichen (s. Pátkai 1971). Eine Felduntersuchung an Tagarbeitern unterstützte diese Befunde (Pátkai u. Mitarb. 1973).

In den vorliegenden Untersuchungsreihen wurden Fragebogen ausgegeben, um das tagesrhythmische Verhalten der Arbeiter vor Beginn ihrer gegenwärtigen Arbeitszeitordnung zu erfassen. Sowohl von den Dauer-Nachtarbeitern als auch von den Wechselschichtarbeitern zeigte die Mehrzahl der Probanden ein Abendtypverhalten. Dies könnte ein Hinweis auf eine Selbstselektion sein. Unter den Frühschichtarbeitern konnten wir dagegen eine größere Variabilität der tagesrhythmischen Wachheitsmuster finden und konnten so je eine Gruppe von Morgen- und Abendtypen heraussondern, allerdings nur je vier Versuchspersonen in beiden Kategorien. Die graphische Darstellung der Temperaturkurve jeder Gruppe für jeden Tag zeigt eine deutliche Differenz im Verlaufsmuster (Abb. 6). Bei den Abendtypen hält der Anstieg des Temperaturniveaus während des ersten Tages bis zum Abend an, während Zeichen der Anpassung am 3. und 6. Tag in Erscheinung treten. Bei den Morgentypen dagegen beginnt der Abfall des Temperaturniveaus bereits gegen 16.00 Uhr. Die Abendtypen hatten außerdem besondere Schwierigkeiten, abends einzuschlafen, was sich im

Vergleich zu den Morgentypen in einer kürzeren Schlafdauer äußerte. In der 6. Nacht betrug die Schlafdauer bei den Abendtypen durchschnittlich 4 Stunden 50 Minuten gegenüber 5 Stunden 45 Minuten bei den Morgentypen.

Obwohl diese Befunde an nur wenigen Probanden gewonnen wurden, ist es wahrscheinlich, daß Morgentypen sich besser für Frühschichtarbeit eignen, besonders im Hinblick auf die Probleme des Schlafentzugs, die mit einer solchen Arbeitsregelung verbunden sind. Andererseits dürften sich die Abendtypen leichter an permanente Nachtarbeit anpassen können, worauf auch in der vorliegenden Studie das Überwiegen von Abendtypen unter diesen Arbeitern hinweist.

Es ist offensichtlich unmöglich, für Frühschichten ausschließlich Morgentypen auszuwählen usw., aber wenn es darum geht, Empfehlungen hinsichtlich der Vorzüge der einzelnen Schichtsysteme zu geben, sollten diese interindividuellen Unterschiede in der Phasenlage der Tagesrhythmik besonders berücksichtigt werden.

Literatur

Bonjer, F. H. (1960): Physiological Aspects of Shift Work. Proceedings at the International Congress on Occupational Health *13*, 848–849.

Colquhoun, W. P., Edwards, R. S. (1970): Circadian rhythms of body temperature in shift workers at a coalface. Brit. J. Industrial Med. *27*, 266–272.

Colquhoun, W. P. (1971): Circadian Variations in Mental Efficiency, p. 39–109. In W. P. Colquhoun (Ed.), Biological Rhythms and Human Performance. London: Academic Press.

Conroy, R. T. W. L., Elliott, A.-L., Mills, J. N. (1970): Circadian excretory rhythms in night workers. Brit. J. Industrial Med. *27*, 356–363.

Conroy, R. T. W. L., Mills, J. N. (1970): Human Circadian Rhythms. London: Churchill.

Fröberg, J., Karlsson, C.-G., Levi, L., Lidberg, L. (1972): Circadian variations in performance, psychological ratings, catecholamine excretion, and diuresis during prolonged sleep deprivation. Internat. J. Psychol. *2*, 23–36.

McNemar, Q. (1960): Psychological Statistics. New York: Wiley.

Pátkai, P. (1971): Interindividual differences in diurnal variations in alertness, performance and adrenaline excretion. Acta Physiol. Scand. *81*, 35–46 (a).

Pátkai, P., Pettersson, K., Åkerstedt, T. (1973): Flexible working hours and individual diurnal rhythms. Reports from the Psychological Laboratories, University of Stockholm, 1973, No. 406.

Teleky, L. (1943): Problems of night work: influences on health and efficiency. Ind. Med. Surg. *12*, 758–779.

van Loon, J. H. (1963): Diurnal body temperature curves in shift workers. Ergonomics *6*, 267–273.

Anschrift des Verfassers: Dr. K. Pettersson-Dahlgren, Department of Psychology, University of Stockholm, Box 6706, S-113 85 Stockholm, Schweden.

Untersuchungen des Rhythmus der psycho-physiologischen Leistungsfähigkeit beim Schiffspersonal

K. Dega, R. Dolmierski und St. Klajman

Institut für Schiffahrtsmedizin, Gdynia

Mit 8 Abbildungen

Es ist ein wichtiges arbeitshygienisches, soziales und ökonomisches Problem, die Beziehungen zwischen der psycho-physiologischen Leistungsfähigkeit des Menschen und dem Arbeitsschichtenwechsel zu untersuchen [1, 2, 10, 13, 14, 15, 16 u. a.].

Ein Hochseeschiff ist ein komplizierter Mechanismus, der auf See pausenlos arbeitet und der Schiffsmannschaft einen Arbeitszyklus auferlegt, der den Wach- und Schlafrhythmus beeinflussen kann. Das allgemein bekannte 4stündige Dreischichtensystem, das an Bord von Schiffen eine gute Tradition hat, kam auf Grund von langjährigen Erfahrungen der Schiffsleute in Gebrauch. Unserer Arbeit stellten wir das Ziel, die Auswirkungen dieses Arbeitssystems auf den Rhythmus der psycho-physiologischen Leistungsfähigkeit bei eingearbeiteten Mannschaften und bei Praktikanten zu untersuchen.

Methodik

Der Untersuchung wurde eine Schiffsmannschaft im Alter von 20 bis 25 Jahren unterzogen (Durchschnittsalter 24 Jahre):

A. Decks-Navigations-Gruppe: 15 Mannschaftsmitglieder
B. Unterdecks-Maschinen-Gruppe: 10 Mannschaftsmitglieder

sowie eine ihnen an Zahl entsprechende Praktikantengruppe im Alter von 19 bis 22 Jahren (Durchschnittsalter 21 Jahre):

A. Decks-Navigations-Gruppe: 15 Praktikanten
B. Unterdecks-Maschinen-Gruppe: 10 Praktikanten.

Die Gruppe der Schiffsmannschaft wurde als an die Arbeitsverhältnisse angepaßt angesehen, da sie mindestens 3 Jahre an Bord eingesetzt war.

Die Untersuchungen wurden während der 1., 5. und 8. Woche einer 60tägigen Schiffsfahrt in gemäßigtem Klima unter jeweils ähnlichen Witterungsverhältnissen (Windstärke 1–3° B) durchgeführt. Die Zeitverschiebungen waren gering. Die ganze Besatzung war in 3 Dienstgruppen eingeteilt (a, b, c), die im System: 4 Stunden Dienst, 8 Stunden Ruhe, arbeiteten. Die erste Wache begann um 8.00 Uhr morgens. Die Diensthabenden wechselten alle 4 Stunden, wobei an jedem Tage zwischen 16.00 und 20.00 Uhr 2 Dienstgruppen wechselten, indem sie nur je 2 Stunden arbeiteten. Auf diese Art war der Dienstzeitwechsel an jedem Tage gesichert. Der Zyklus wiederholte sich jeden 4. Tag (Tab. 1).

Tabelle 1. *Dienstzeitwechsel an Bord eines Hochseeschiffes*
Die Mannschaft ist in 3 Arbeitsgruppen eingeteilt: a, b, c.

Wache Stunde	1 8–12	2 12–16	3 16–20	4 20–24	5 0–4	6 4–8
Tag I	a	b	c+a	b	c	a
Tag II	b	c	a+b	c	a	b
Tag III	c	a	b+c	a	b	c
Tag IV	a	b	c+	u. s. w.		

Die Untersuchungen der psycho-physiologischen Leistungsfähigkeit wurden während der ersten Tageswache (von 8.00 bis 12.00 Uhr) und während der zweiten Nachtwache (0 bis 4.00 Uhr), der sogenannten „Hundewache", durchgeführt, und zwar in der 1., 2., 3. und 4. Stunde der Wache. Jede Untersuchung wurde dreimal im Laufe der Woche wiederholt. Auf Grund dieser Messungen wurde der arithmetische Durchschnittswert für die entsprechende Woche berechnet.

Die psycho-physiologische Leistungsfähigkeit wurde durch 3 Testmethoden geprüft: Die Sicherheit der Handbewegungen mittels tremorometrischer Messungen [4], die optische Reaktionszeit mit einem elektronischen Zeitmesser und die Fähigkeit, einfache arithmetische Operationen durchzuführen, mittels eines einfachen, standardisierten Additionstestes, der die Berechnung des Zeit- und Fehlerkoeffizienten ermöglicht [5].

Ergebnisse

Die Ergebnisse der Untersuchungen wurden statistisch ausgewertet und in Form von Diagrammen in Abb. 1–8 dargestellt.

Die tremorometrischen Untersuchungen der Handbewegungssicherheit zeigten bei der ganzen Schiffsmannschaft einen typischen Rhythmus, der sich am Tage mit der Verbesserung der Funktion in der zweiten Arbeitsstunde ($p < 0{,}05$) und ihrer Minderung in den folgenden Stunden charakterisierte ($p < 0{,}01$). Beim Maschinenpersonal, dessen Arbeitsbelastung größer als die

Abb. 1. Tremorometrische Untersuchungen beim Schiffspersonal. A) Navigationspersonal, B) Maschinenpersonal. *I* 1. Woche, *V* 5. Woche, *VIII* 8. Woche

Abb. 2. Tremorometrische Untersuchungen bei Schiffspraktikanten. A) Navigationspersonal, B) Maschinenpersonal. *I* 1. Woche, *V* 5. Woche, *VIII* 8. Woche

Abb. 3. Einfache optische Reaktionszeiten beim Schiffspersonal. A) Navigationspersonal, B) Maschinenpersonal. *I* 1. Woche, *V* 5. Woche, *VIII* 8. Woche

Abb. 4. Einfache optische Reaktionszeiten bei Schiffspraktikanten. A) Navigationspersonal, B) Maschinenpersonal. *I* 1. Woche, *V* 5. Woche, *VIII* 8. Woche

Psycho-physiologische Leistungsrhythmik beim Schiffspersonal 111

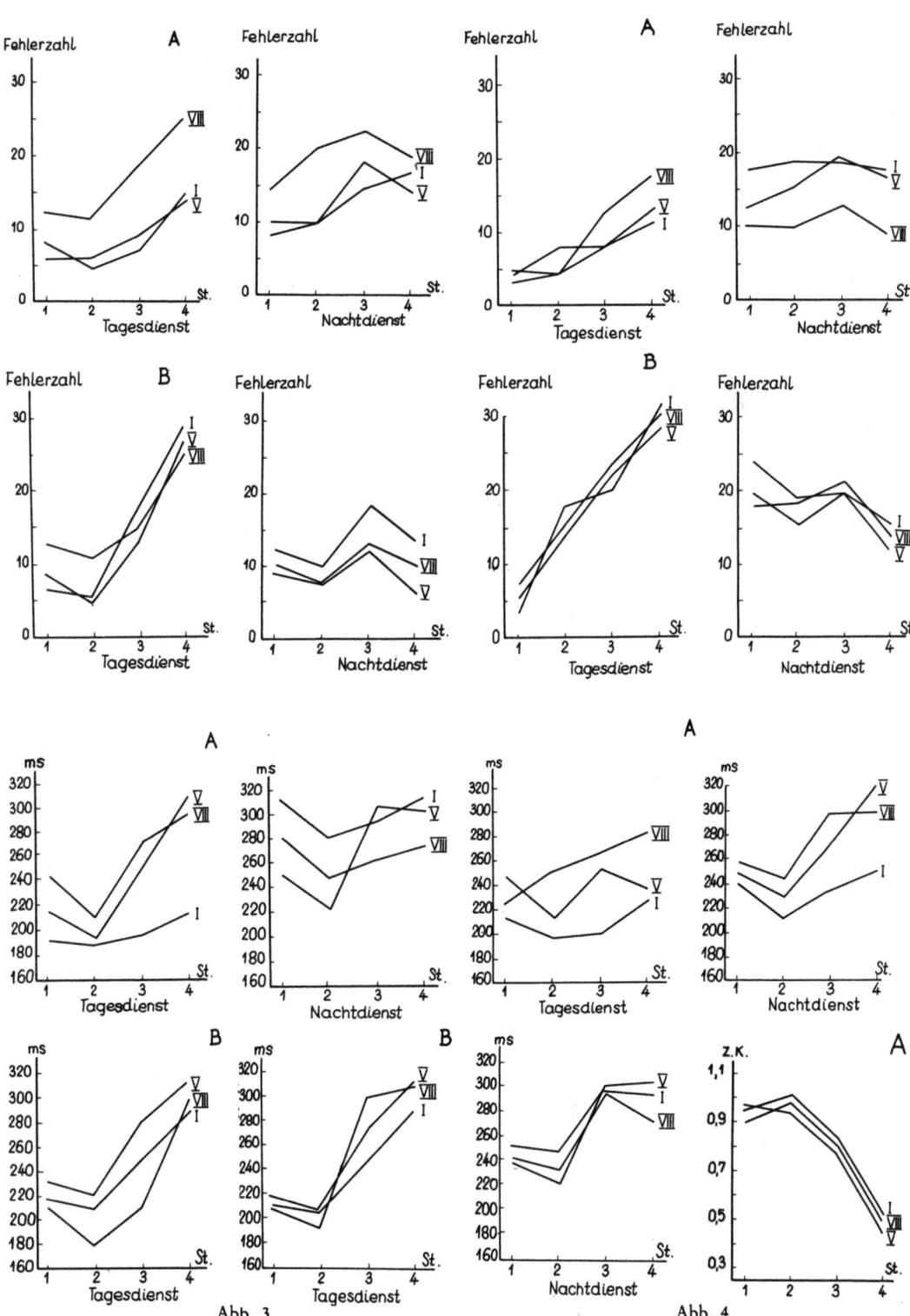

Abb. 3   Abb. 4

der Decksmannschaft war, traten Ermüdungserscheinungen besonders stark hervor. Der Verlauf der Rhythmuskurven in der 1., 5. und 8. Woche gleicht sich. Differenzen treten nur als Zuwachs der Fehlerzahl auf. Auf Grund dieser Feststellung könnte man annehmen, daß das an Bord angewandte Arbeitsschichtensystem bei den an die Arbeitsverhältnisse angepaßten Mannschaftsmitgliedern keine Störungen des Rhythmus der Leistungsfähigkeit hervorruft. Ähnliches Verhalten der Leistungskurve konnte man während der Nachtwache beobachten, nur trat in der letzten Stunde eine typische und signifikante ($p < 0,05$) Verbesserung der Leistungsfähigkeit auf.

Bei den Praktikanten, die wir als an die Arbeitsverhältnisse nicht angepaßt ansahen, traten Rhythmusstörungen am Tage, wo sie schwere Arbeit leisten mußten, auf. Die Leistungsfähigkeit verminderte sich bei ihnen in jeder Stunde ($p < 0,05$ bei Deckspraktikanten und $p < 0,01$ bei Unterdeckspraktikanten). Während des Nachtdienstes haben wir dagegen bei ihnen Leistungskurven beobachtet, die sich eigentlich von den Leistungskurven der Schiffsmannschaft nur durch die absolute Höhe der Fehlerzahl unterschieden. Ihr Verlauf war ähnlich. Dies hängt wahrscheinlich von der geringen Arbeitsbelastung der Praktikanten in der Nacht ab, die den typischen Leistungsfähigkeitsrhythmus nicht beeinflußt hat [12, 14, 15 u. a.].

Diese Beobachtungen könnten belegen, daß das an Bord angewandte Arbeitssystem den Rhythmus der psycho-physiologischen Leistungsfähigkeit wenig beeinflußt, während dagegen schwere Arbeit bei den an die Arbeitsverhältnisse nicht angepaßten Personen Rhythmusstörungen hervorrufen kann. Große Leistungsansprüche können in diesem Falle als rhythmusstörender exogener Faktor angesehen werden [6, 11, 14, 15].

Die Untersuchungen der einfachen optischen Reaktionszeit bei der Schiffsmannschaft und den Praktikanten zeigten einen typischen Rhythmusverlauf der Leistungsfähigkeit sowohl am Tage als auch in der Nacht [3, 7, 8, 9, 15 u. a.]. Der Verlauf der Leistungsfähigkeitskurven der tremorometrischen und Reaktionsmessungen war dabei ähnlich. Nur während der Tagesarbeit waren die relativen Differenzen der Reaktionszeiten bei der Mannschaft und den Praktikanten geringer als die der Fehlerzahlen bei den tremorometrischen Messungen. Ermüdungserscheinungen traten bei der ganzen Decksmannschaft während der Tagesarbeit in der 5. und 8. Woche der Reise auf. Die Reaktionszeit verlängerte sich in der 8. Woche im Vergleich zur 1. Woche in der 1. Stunde um ca. 10–20% ($p < 0,05$) und in der 4. Stunde um ca. 20–40% ($p < 0,01$). Beim Maschinenpersonal waren die Unterschiede nicht signifikant, da die Arbeitsbe-

Abb. 5. Ergebnisse des Additionstestes beim Schiffspersonal. A) Navigationsgruppe. *Z. K.* Zeitkoeffizient, *F. K.* Fehlerkoeffizient; *I* 1. Woche, *V* 5. Woche, *VIII* 8. Woche

Abb. 6. Ergebnisse des Additionstestes beim Schiffspersonal. B) Maschinengruppe. *Z. K.* Zeitkoeffizient, *F. K.* Fehlerkoeffizient; *I* 1. Woche, *V* 5. Woche, *VIII* 8. Woche

Abb. 7. Ergebnisse des Additionstestes bei Schiffspraktikanten. A) Navigationsgruppe. *Z. K.* Zeitkoeffizient, *F. K.* Fehlerkoeffizient; *I* 1. Woche, *V* 5. Woche, *VIII* 8. Woche

Abb. 8. Ergebnisse des Additionstestes bei Schiffspraktikanten. B) Maschinengruppe. *Z. K.* Zeitkoeffizient, *F. K.* Fehlerkoeffizient; *I* 1. Woche, *V* 5. Woche, *VIII* 8. Woche

Psycho-physiologische Leistungsrhythmik beim Schiffspersonal 113

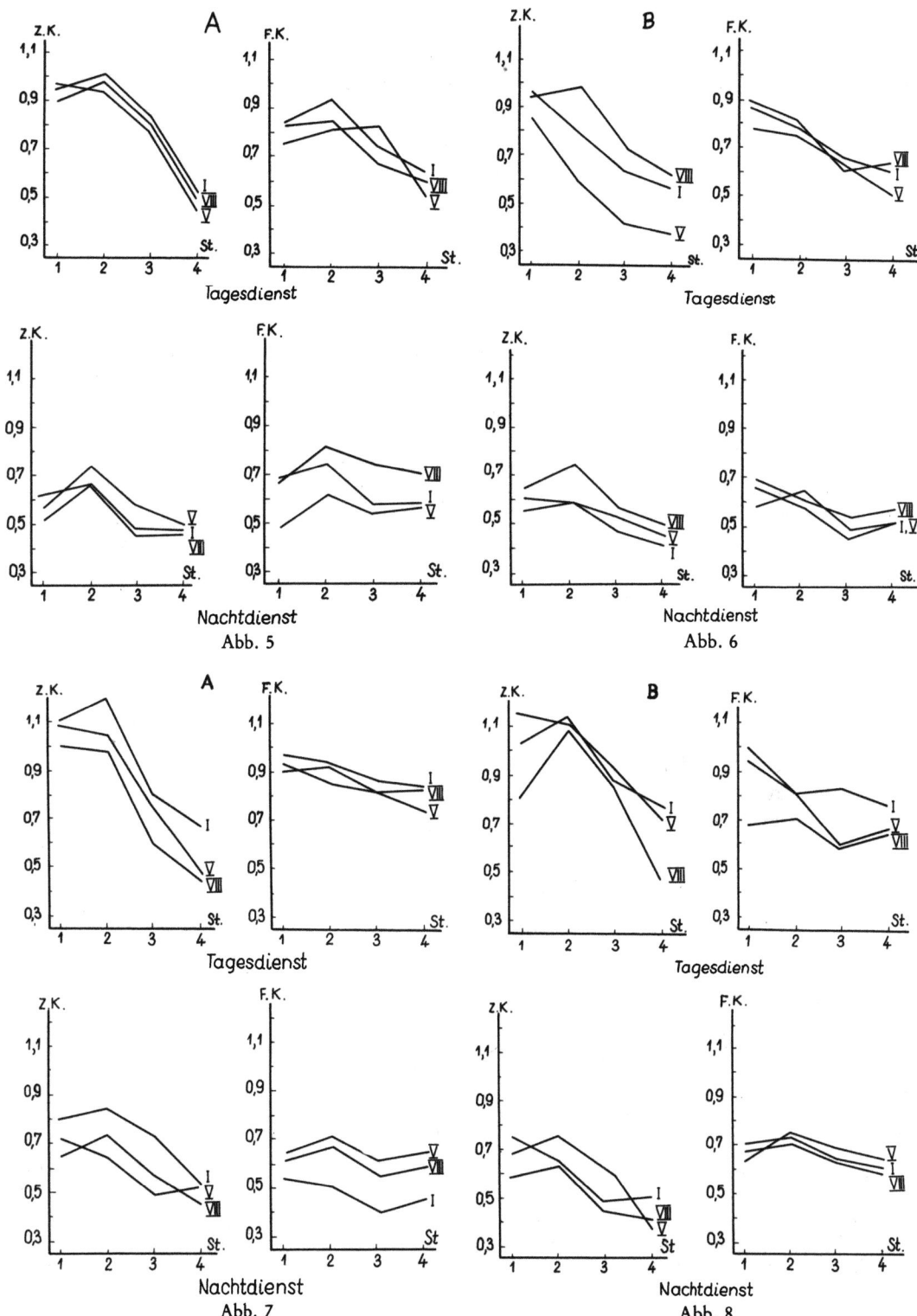

Abb. 5
Abb. 6
Abb. 7
Abb. 8

8 Biologische Rhythmen

lastung bei diesem größer als bei der Decksmannschaft war und Ermüdungserscheinungen, die sich während der Tagesarbeit in der 3. und 4. Stunde als Verlängerung der Reaktionszeiten äußerten, während der ganzen Reise auftraten und von Anfang an sehr groß waren.

Noch kleinere Unterschiede traten bei den arithmetischen Testversuchen auf. Die Tages- und Nachtarbeitsleistungskurven hatten einen typischen Verlauf [3, 14, 15 u. a.]. Die Ermüdungserscheinungen zeigten sich am Anstieg der Fehlerzahl oder an der Verminderung des Additionstempos. Am Tage traten sie in der 3. und 4. Arbeitsstunde auf, in der Nacht dagegen in der 3. Stunde, da in der 4. Stunde der natürliche psycho-physiologische Leistungsfähigkeitsrhythmus die Kurve beeinflußt. Die Unterschiede in diesen Testversuchen, die wir bei der Mannschaft und den Praktikanten feststellen konnten, waren noch geringer als bei den Reaktionszeitmessungen, und zwar sowohl während des Tag- als auch des Nachtdienstes.

Aus dem Vergleich der Testuntersuchungsergebnisse könnte man schließen, daß das an Bord angewandte Schichtarbeitssystem bei angepaßten und unangepaßten Mannschaftsmitgliedern keinen signifikanten Einfluß auf den Rhythmus der psycho-physiologischen Leistungsfähigkeit ausübt, wie aus den Untersuchungen vieler Autoren gut bekannt ist [6, 8, 11, 14, 15 u. a.]. In unserem Experiment beeinflußte dagegen als exogener Faktor übermäßiger Leistungsanspruch diesen Rhythmus, wie wir es an Hand der tremorometrischen Messungen, die am Tage bei den unangepaßten Maschinenpraktikanten ausgeführt wurden, beobachten konnten. Zugleich dürfte dieses Ergebnis durch die schwierigen Umwelteinflüsse in den Schiffsmaschinenräumen (Lärm, Vibrationen, hohe Temperaturen usw.) beeinflußt sein. Bei dem an die Arbeitsverhältnisse angepaßten Maschinenpersonal störten diese den Rhythmus nicht, sondern erzeugten nur Ermüdungserscheinungen, die die Leistungskurve verschoben, aber nicht veränderten.

In den dargestellten Untersuchungen erwies sich der tremorometrische Test als am nützlichsten, weniger signifikante Ergebnisse erbrachten die Reaktionsuntersuchungen und der Additionstest.

Schlußfolgerungen

1. Das an Bord von Schiffen angewandte Schichtarbeitssystem stört den Rhythmus der psycho-physiologischen Leistungsfähigkeit der an die Schiffsarbeitsverhältnisse angepaßten Mannschaften nicht.

2. Umwelteinflüsse und übermäßige Leistungsanforderungen können bei unangepaßten Personen diesen Rhythmus stören.

3. Es wäre wünschenswert, ein Anpassungstraining an das Arbeitsschichtsystem und die besonderen Arbeitsverhältnisse auf Hochseeschiffen bei Offiziersanwärtern in Marine-Schulen einzuführen, da bei ihnen die Anpassungszeit länger als das übliche Praktikum dauert.

Literatur

1. Aschoff, J. (1963): Human Circadian Clocks. Amsterdam: North Holland Publ.
2. Bogdański, K. (1971): Biofizyka. Warszawa: Akad. WF.
3. Bogucki, J., Czapska, M., Kielczewski, B. (1966): Czas reakcji prostej na tle rytmiki dobowej i warunków pogodosych. Uzdr. *1/2*, 27–31.
4. Dega, K., Klajman, S., Małyszko, M. (1972): Tremorometr polowy. Lek. W. *4*, 402–403.
5. Doliatkowski, A., Dega, K., Klajman, S. (1969): The effect of working conditions at sea on the psycho-physiological state of seamen. Proc. III. Int. Symp. Marin. Med., Leningrad Min. Health, Moscow-Leningrad, S. 24–29 (1969).
6. Drozdowski, Z. (1967): Rytm biologiczny a sport. Monogr. WSWF, Poznań *15*, 137–154.
7. Falkiewicz, B. (1964): Z badań niektórych rytmów dobowych na tle zmian czasowych. Roczn. Nauk. WSWF, Poznań *2. 9*, 47–55.
8. Halberg, F. (1964): Wremiennaja koordinacija fizjologiczeskich funkcji. Biol. czas., Moskwa 475–509.
9. Koehler, F., Okano, F. K., Elveback, L. R., Halberg, F., Bittner, J. J. (1956): Periodograms for the study of physiologic daily periodicity in mice and man; with the procedural outline and some tables for computation. Exp. Med. Surg. *14*, 1, 5–30.
10. Kleitman, N. (1963): Sleep and Wakefulness. Chicago: University Press.
11. Lehmann, G. (1961): Physiologische Forschung als Voraussetzung zur Bestgestaltung der menschlichen Arbeit. Köln: Westdt. Verlag.
12. Pirtkien, R. (1956): Über die 24-Stunden-Rhythmik des Menschen und das vegetative Nervensystem. Int. Z. angew. Physiol. *3*, 198–211.
13. Schuchard, Ch. (1963): Die Bedeutung des Ausgleichstrainings für die Gesundheit des produktiv tätigen Menschen. Inaug.-Diss. Berlin.
14. (1972) Sympozjum „Rytmy w biologii i medycyni". Med. Lot. *38*.
15. Szmigielski, S. (1974): Chronobiologia, rytmy biologiczne człowieka. PWN, Warszawa.
16. Woodworth, R. S., Schlosberg, H. (1963): Psychologia eksperymentalna. PWN, Warszawa.

Anschrift der Verfasser: Dr. K. Dega, Dr. R. Dolmierski und Prof. Dr. habil. med. St. Klajman, Instytut Medycyny Morskiej, ul. Kochanowskiego 12, PL-81-850 Sopot, Polen.

Zur Typologie der circadianen Phasenlage
Ansätze zu einer praktischen Chronohygiene
O. Östberg[*]

Department of Occupational Health, National Board of Occupational Safety and Health, Stockholm, Schweden

Mit 3 Abbildungen

In den letzten Jahren hat die Erforschung der Circadianrhythmen zunehmend praktische Anwendung gefunden. Die Zunahme der Nacht- und Schichtarbeit sowie die Notwendigkeit, circadiane Rhythmen bei langen Aufenthalten im Weltraum zu berücksichtigen, haben die Zahl der Arbeiten, die sich mit Circadianrhythmen beschäftigen, anschwellen lassen, insbesondere in Zeitschriften der Arbeits- und Raumfahrtmedizin. Heutzutage werden in der ganzen Welt nicht nur circadiane, sondern auch andere Rhythmen, z. B. Menstruations-, Lunar- und Jahresrhythmen, intensiv untersucht, und es bestehen etliche Zeitschriften, die ausschließlich den verschiedenen biologischen Rhythmen gewidmet sind (Literaturübersichten in Buchform s. Kleitman 1939, 1963; Menzel 1962; Conroy und Mills 1970; u. a.).

Die vorliegende Übersicht stellt den Versuch dar, die verstreuten Forschungsergebnisse, welche die Basis für das seit kurzer Zeit schnell zunehmende Interesse an interindividuellen Differenzen der menschlichen Circadianrhythmik bilden, zusammenzustellen, ohne sie im einzelnen zu analysieren. Darüber hinaus wird ein einfacher Fragebogen zur Trennung der extremen Typen hinsichtlich der circadianen Phasenlage (Morgentyp bzw. Abendtyp) vorgelegt.

Frühe Untersuchungen der Circadianrhythmik

Nach Bjerner u. Mitarb. (1948) finden sich schon in den Aufzeichnungen der französischen Zünfte des 13. Jahrhunderts Beispiele für eine Auseinandersetzung mit den Problemen der Nachtarbeit. In Ramazzanis (1700) bahnbrechendem Werk über die Krankheiten der Arbeiter wird die Nachtarbeit gleichfalls berücksichtigt. Ramazzani vertritt den allgemeinen Standpunkt, daß der Tag der Arbeit und die Nacht der Ruhe und dem Schlaf gewidmet sein sollen: „Es ist ungeheuerlich, in der Nacht zu arbeiten und am Tage zu schlafen", da der Einfluß des Laufs der Gestirne und Elemente dem entgegensteht, so daß leicht Melancholie entstehen kann.

Zu den frühesten wissenschaftlichen Niederschriften über die menschliche Circadianrhythmik gehören Gierses (1842) Studien über das Steigen und Fallen

---

[*] Deutsche Übersetzung von G. Hildebrandt, H. Strempel und H. Uhrmann.

der menschlichen Rektaltemperatur. Seine Befunde wurden bald von anderen bestätigt, und in einem Überblick über den Stand der Forschung kommt Helmholtz (1846) zu dem Schluß, daß kein Zweifel darüber besteht, daß die Körpertemperatur während der Nacht ein Minimum durchläuft. Während des Tages gäbe es jedoch zwei Maxima: ein „echtes" Maximum (im Bereich von 14.00 Uhr) und ein „scheinbares" zweites Maximum (im Bereich von 19.00 Uhr), welches durch „Verdauungsfieber" hervorgerufen werde.

Hinsichtlich der Diskussion über Ursache und Wirkung der beobachteten Circadianrhythmik der Körpertemperatur hatte bereits Bergmann (1845) für eine komplexe acausale Beziehung zwischen Umgebungstemperatur, Muskelaktivität, Stoffwechsel und Körpertemperatur plädiert. Er wies insbesondere darauf hin, daß die circadianen Schwankungen der Rektaltemperatur und der Hauttemperatur nicht in Phase verlaufen, und folgerte daraus, daß der Circadianrhythmus autonomer Natur und sein Ursprung in der Organisation des Zentralnervensystems zu finden sei. In einer gründlichen Untersuchung der Beziehungen zwischen Körpertemperatur und körperlicher Aktivität hatte Jürgensen (1873) seinen gesunden Versuchspersonen Bettruhe verordnet. Er fand dabei, daß die Rektaltemperatur weiterhin einen Circadianrhythmus zeigte, daß dieser aber große und beständige interindividuelle Unterschiede aufwies, so daß die Versuchspersonen in zwei Gruppen unterteilt werden konnten: eine mit ausgeprägter Rhythmik und die andere ohne solch ausgeprägte Rhythmik. Johansson (1898) untersuchte sogar den Einfluß des Fastens sowie eingeschränkter körperlicher Aktivität. Weder Bettruhe noch Fasten zeigten sich in der Lage, irgendwelche bemerkenswerten Veränderungen im normalen Verlauf der Rektaltemperaturrhythmik hervorzurufen, und zwar mit Einschluß der sogenannten Mittagssenke; diese Mittagssenke war bis dahin durch die Nahrungsaufnahme erklärt worden (Hauptmahlzeit = Mittagsmahlzeit), wobei entweder sofort die mit der Mahlzeit verbundene „Hirn-Anämie" zu einer „falschen" Mittagssenke (Kraepelin 1893) führen sollte, oder aber, später, durch eine Art „Verdauungsfieber" ein „falscher" zweiter Gipfel der Körpertemperatur hervorgerufen werden sollte (Helmholtz 1846).

Mosso (1887) versuchte, seinen eigenen Körpertemperaturrhythmus durch Nachtarbeit (Lesen und Schreiben) und Tagschlaf umzukehren. Er konnte jedoch eine solche Temperaturumkehr nicht erreichen und gab seine Versuche wegen Gesundheitsgefährdung auf. Die Ansicht, daß eine umgekehrte Lebensweise ungesund sei, war zu jener Zeit allgemein verbreitet – und ist es bis heute. Später zeigten dann Toulouse und Piéron (1907), daß Krankenschwestern, die permanent Nachtdienst machten und dabei einer starken körperlichen und geistigen Belastung ausgesetzt waren, im Laufe der Zeit eine Umkehr des Tagesrhythmus ihrer Körpertemperatur entwickelten.

Die Arbeiten von Mosso und Maggiora (1888), insbesondere in ihrer deutschen Fassung (Mosso 1892), gaben der Erforschung der Circadianrhythmik eine neue Richtung. Mossos „Ergograph", der für die Untersuchung der Ermüdbarkeit der Zeigefingermuskeln konstruiert war, verbreitete sich bald in den psychophysischen Laboratorien und löste eine immense Aktivität in der Ermüdungsforschung aus. Lombard (1892), der Mossos ergographische Studien wiederholte, bestätigte, daß die willkürliche physische Leistungsfähigkeit des

Menschen tatsächlich einem circadianen Rhythmus unterliegt. Kraepelin (1893) und Bergström (1894) fanden darüber hinaus, daß ein ähnlicher Rhythmus in der geistigen Leistungsfähigkeit (z. B. Gedächtnis und Denkleistung) besteht, und daß einige Menschen ihr Maximum der Leistungsfähigkeit am Morgen, andere dieses am Abend haben. Weiterhin sind Michelsons (1899) Schlafstudien besonders bemerkenswert, die zum ersten Mal klar zeigten, daß die Schlaftiefe einem 90-Minuten-Rhythmus unterliegt. Sonst aber wurde der Forschungseifer jener Ära durch die fruchtlosen Versuche, eine optimale Lebenseinteilung zu finden, verdorben (z. B. die beste Mischung aus Ruhe, Arbeit, Schlaf, Mahlzeiten und dem Genuß von Alkohol und Tabak).

Erste Studien zum Morgentyp-Abendtyp-Problem

Zu Beginn des 20. Jahrhunderts erschien der erste Fragebogen zur Differenzierung von Morgen- und Abendtyp. O'Shea (1900) verschickte einen Fragebogen an alle Studenten der Universität Wisconsin. Zwei der Fragen lauteten: ,,Während welcher Tagesstunden fühlen Sie sich am besten?" und ,,Wann ist Ihre Leistungsfähigkeit am geringsten?". O'Sheas Fragebogen wurde später in die Untersuchung Marshs (1906) über den circadianen Verlauf der Leistungsfähigkeit einbezogen. Marsh fand, daß verschiedene Menschen den Verlauf ihrer Leistungsfähigkeit subjektiv unterschiedlich beurteilten, und schloß, daß die Existenz von ,,Tag- und Nachtmenschen" kaum bezweifelt werden könne. Er schätzte zudem, daß bei industrieller Handarbeit (nicht Fließband) die circadiane Schwingung um das individuelle mittlere Niveau von –6% am frühen Morgen bis zu +6% am späten Nachmittag variiere. Marsh hielt es für möglich, daß es für die Handarbeiter wichtig sein könnte, zu wissen, daß eine Extraübung am Morgen ihn befähigen könnte, seine Arbeit mit einem Leistungsgrad zu beginnen, den er sonst erst langsam erreichen würde.

Jundell (1904) untersuchte die circadiane Schwankung der Rektaltemperatur bei Kindern. Zur Diskussion der gefundenen stufenweisen Entwicklung einer Circadianrhythmik gab er eine sehr sorgfältige Übersicht der Literatur über die circadianen Rhythmen bei Erwachsenen und führte auch selbst ähnliche Untersuchungen durch. Er kam zu dem Schluß, daß die jeweilige Form der circadianen Verlaufskurve der Körpertemperatur abhängig davon sei, in welchem Grade die Versuchsperson Morgen- oder Abendtyp ist: Menschen, die noch um 8.00 Uhr im Bett liegen, haben einen verspäteten Gipfel der Körpertemperatur gegenüber solchen, die bereits um 5.30 Uhr aufstehen.

Von Lays (1912) Versuchspersonen erfüllten einige eine Lernaufgabe am besten am Morgen, andere am Abend. Er schloß, daß im allgemeinen die Lernfähigkeit morgens am höchsten sei, daß aber infolge einer höheren Vergessensrate am Morgen (mehr Störungen) das Lernen am Abend auf die Dauer effektiver sei. Wuth (1931) und Winterstein (1932), die Schlafgewohnheiten untersuchten, unterschieden zwischen ,,Abendschläfern" (früh zu Bett, früh aufstehen) und ,,Morgenschläfern" (spät zu Bett, spät aufstehen). Darüber hinaus stellte Wuth fest, daß Abendschläfer in Zeiten seelischer Depression dazu neigen, sich wie ,,Morgenschläfer" zu verhalten. Léopold-Lévi (1932) verfügte über eine umfassendere Typologie. Er unterschied vier Typen: 1. früh zu Bett gehen und früh aufstehen, 2. spät zu Bett gehen und spät aufstehen, 3. früh zu Bett gehen und spät aufstehen und 4. spät zu Bett gehen und früh aufstehen. Er war der Meinung, daß der zugrunde liegende Faktor, der eine Person für eine dieser Gruppen prädisponiert, im Überwiegen des sympathischen oder parasympathischen Nervensystems zu suchen sei. Rieper (1934) machte sogar äußere Faktoren verantwortlich und vertrat des längeren den Standpunkt, daß der Abendtyp das Ergebnis der städtischen Lebensweise sei, durch die die natürliche Zeitordnung verlorengehe und demzufolge die Lebensweise des Städters frei-laufend („free-running") werde. Otto (1935) war der Meinung, daß der Morgentyp durch Gähnen und tiefes Atmen zu bestimmten Zeiten wiederhergestellt werden könne.

In einer sehr sorgfältigen Übersicht unterzogen Freeman und Hovland (1934) die Publikationen über die tagesrhythmischen bzw. circadianen Schwankungen der Leistungsfähigkeit und damit zusammenhängender physiologischer Prozesse einer eingehenden Betrachtung. In einer Tabelle zeigten sie, daß die von verschiedenen Untersuchern mitgeteilten Tagesgänge der Leistung vier verschiedenen Typen zugeteilt werden können: 1. Kontinuierliche Zunahme, 2. kontinuierlicher Abfall, 3. Anstieg am Morgen und Abfall am Nachmittag und 4. Abfall am Morgen und Anstieg am Nachmittag. Kleitman (1939) lehnte dieses Klassifikations-Schema ab, da es zu viele Möglichkeiten vorsehe. Kleitman selbst ließ nicht mehr als zwei Möglichkeiten zu und unterschied entsprechend zwei Typen: solche, bei denen Temperatur und Leistungsfähigkeit ihr Maximum früh am Tage erreichen, etwa gegen 12.00 Uhr, und solche, bei denen das Maximum viel später liegt, etwa gegen 18.00 Uhr. Erstere wurden als „Morgentypen", letztere als „Abendtypen" bezeichnet. Es wurde auch eine Zwischenklasse von „Nachmittagstypen" beobachtet; diese Kategorie schien allerdings von geringerer Bedeutung. In einer späteren Literaturübersicht von Kleitman (1949) selbst wurden die vier Kurventypen von Freeman und Hovland als das Ergebnis zu kleiner Gruppen von Versuchspersonen erklärt, wobei in den einzelnen Gruppen weder Morgen- noch Abendtypen dominieren konnten. Außerdem seien die Versuche entweder über einen ganzen Tag oder überwiegend vor bzw. nach 15.00 Uhr durchgeführt worden. Folkard (1975a) vertrat den entgegengesetzten Standpunkt und bestritt die Existenz interindividueller Unterschiede in der zeitlichen Lage des Gipfels der Leistungsfähigkeit. Seiner Ansicht nach variieren die von Freeman und Hovland und von Kleitman gefundenen Kurven interindividuell lediglich, weil unterschiedliche Arten von Funktionen untersucht worden sind (z. B. Gedächtnisleistungen gegenüber Denkleistungen).

Persönlichkeitstypen und circadiane Rhythmen

Die Einteilung der Menschen nach der Ausprägung ihres Rhythmus oder des Grades von Morgen- und Abendtyp ist nicht unberührt von Persönlichkeitstheorien geblieben. In Sheldon's (1942) Einteilung der Temperamente waren die Viscerotoniker Langschläfer (und vermutlich Morgentypen), die Somatotoniker klar erkenntliche Morgentypen und die Cerebrotoniker Abendtypen (und wahrscheinlich Kurzzeitschläfer). Kleitman (1939) bemerkte humorvoll, daß vermutlich mehr Ehen an der Unvereinbarkeit der Temperaturtypen als an der Unvereinbarkeit der Temperamente zerbrächen. Öquist (1970) untersuchte die Beziehung zwischen Persönlichkeitsfaktoren (Catells 16 PF) und Morgentyp/Abendtyp. Er fand dabei einige Unterstützung für seine Hypothese eines Zusammenhangs zwischen Morgentyp und Schizothymie bzw. Abendtyp und Cyclothymie.

Lampert (1939) nahm die interindividuellen Differenzen in der Phasenlage der Circadianrhythmik in sein System von Reaktionstypen für die physikalische Therapie auf. Seine A- und B-Typen überdecken sich bis zu einem gewissen Grade mit dem, was er „Lerchen" (Morgentypen) und „Eulen" (Abendtypen) nannte. Pirlet (1955) verfolgte diese Ideen weiter und veröffentlichte einen Fragebogen, der einige Items zur Bestimmung von Lerchen und Eulen enthielt. Hildebrandt und Engelbertz (1953) gewannen Interesse an dieser Typologie beim Studium der Reaktionen von Kurpatienten auf heiße und kühle Bäder. Sie unterschieden dabei zwischen „Vormittags-" und „Nachmittagskonstitution" mit verschiedenen Reaktionsweisen. Hildebrandt und Ishag George (1973) überprüften später den Fragebogen von Pirlet, um einen Index für die Vorhersage des tageszeitlich abhängigen Verhaltens von Rehabilitationspatienten zu gewinnen. Unter Ausschluß adipöser Patienten ließ sich der Fragebogen erfolgreich für die Vorhersage der vegetativen Reaktionen der Patienten gegenüber balneologischen Reizbelastungen anwenden.

Colquhoun (1960) untersuchte die visuelle Beobachtungsleistung bei Introvertierten und Extravertierten. Um 10.00 Uhr vormittags zeigten die introvertierten Probanden eine höhere Leistung als die extravertierten, und um 15.00 Uhr nachmittags überwog die Leistung der extravertierten Versuchspersonen. Colquhoun u. Mitarb. sind diesen interindividuellen Differenzen über lange Zeit nachgegangen, konnten aber diese „subtilen Unterschiede" nicht weiter quantitativ belegen (Folkard 1975b).

Aufgrund einer Untersuchung der Anfälligkeit für Modulationen der sensorischen Wahrnehmung unterschied Petrie (1967) Personen, die subjektiv dazu neigen, ihre Wahrnehmungsinhalte zu verkleinern (sog. „Reducers") von solchen, die zu einer Vergrößerung neigen (sog. „Augmenter"). Aufgrund der Vorstellung, daß der Augmenter während seiner Arbeitszeit ein „reicheres Wahrnehmungsleben" hat als der Reducer, erwartete Petrie, daß der Augmenter längere Erholungszeiten benötige als der Reducer. Dies wurde durch den Befund unterstützt, daß mehr Augmenter als Reducers angaben, neun oder mehr Stunden Schlaf pro Nacht zu benötigen. Während mehr Reducer als Augmenter sechs Stunden Schlaf oder weniger vorzogen.

Bis zu einem gewissen Grade hängen die Schlafgewohnheiten von der Interaktion zwischen Alter einerseits und Extraversion bzw. Introversion andererseits ab, wie Tune (1969) feststellte. Er fand, daß, während bei 20jährigen keine Unterschiede in den Schlafgewohnheiten zwischen Intro- und Extravertierten bestanden, sehr deutliche Unterschiede bei älteren Versuchspersonen zu erkennen waren: Die Extravertierten glichen mit zunehmendem Alter immer mehr Abendtypen und schliefen nachts länger, während die Introvertierten sich mit zunehmendem Alter mehr dem Morgentyp anglichen und auch weniger Stunden Nachtschlaf benötigten. Hartmann u. Mitarb. (1972) erhoben den Anspruch, verschiedene bedeutende Unterschiede in der Persönlichkeitsstruktur zwischen Kurzzeitschläfern und Langzeitschläfern gefunden zu haben, vor allem im Hinblick auf Introversion/Extraversion; aber diese Behauptungen sind später von Webb (1973) in Frage gestellt worden.

Nach der umfangreichen Literaturübersicht von Middelhoff (1967) ist oft festgestellt worden, daß psychische Erkrankungen mit Störungen der Circadianrhythmik hinsichtlich des Schlaf-Wach-Zyklus und der Stimmung korrelieren. Middelhoff selbst fand, daß während symptomfreier Phasen mehr extreme Morgentypen unter den mono-phasischen Melancholien vorkommen, während bei den manisch-depressiven Psychosen häufiger extreme Abendtypen zu beobachten sind. Während der akuten Symptomatik sollen dagegen alle normalen circadianen Rhythmen im Verhalten verschwinden. Middelhoff's Befunde sind im Prinzip bereits von Pflug und Tölle (1971) bestätigt worden, die darüber hinaus den Schlafentzug für die Behandlung endogener Depressionen empfohlen haben. Hampp (1961) benutzte Stimmungsschwankungen gesunder Versuchspersonen, um Morgentypen (mit dem Stimmungsmaximum am Morgen) von Abendtypen (Stimmungsmaximum am Abend) zu unterscheiden. In einer normalen Population wurden 20% ausgesprochene Morgentypen, 30% klare Abendtypen gefunden, während die übrigen 50% keine offensichtliche Circadianschwankung der Stimmung aufwiesen.

Die Suche nach einer „basalen" Leistungskurve

Kraepelin (1902) vertrat die Meinung, daß die Form des Zeitverlaufs jeder beobachtbaren menschlichen Leistungskurve die Summe aus fünf verschiedenen Einzelkurven darstellt: (1) Übungskurve, (2) Ermüdungskurve, (3) Anregungskurve, (4) Gewöhnungskurve, (5) Willensspannung. Kraepelin u. Mitarb. widmeten viele Jahre der Forschung der genauen Beschreibung dieser Komponenten der Leistungskurve und fügten später als sechsten Faktor den Verlauf der Emotionskurve hinzu. Außerhalb der psycho-physiologischen Laboratorien befaßte sich die Forschung über den Leistungsverlauf bezeichnenderweise mit dem Vergleich des Wirkungsgrades eines 10-Stunden- und eines 8-Stunden-Tages (Goldmark und Hopkins 1920), wobei die Bedeutung kurzer Ruhepausen für Arbeiter anerkannt wurde (Vernon u. Mitarb. 1924).

Graf (1933) und später Lehmann und Michaelis (1941) untersuchten die physiologischen Grundlagen der beobachteten Circadianrhythmik der körperlichen Arbeitsleistung sorgfältig und kamen zu dem Schluß, daß diese Schwankungen nur durch die Existenz eines „unbekannten inneren Rhythmus" erklärt werden können. Der Durchbruch kam durch zwei ausgedehnte Felduntersuchungen zustande: „Die Ablesefehlerhäufigkeit von Gaswerksarbeitern" (Bjerner u. Mitarb. 1948, 1955) und „Die Reaktionsverzögerung bei der Bedienung von Fernschreibern" (Browne 1949). Sowohl Graf (1961) als auch Lehmann (1961) waren nun in der Lage, ihre im Laboratorium gewonnenen Kurven der physikalischen Arbeitsleistung mit diesen autoritativen Ergebnissen breit angelegter Felduntersuchungen zu vergleichen. Der Tagesgang der Ablesefehler ist seitdem vielfach als Referenzkurve benutzt worden, mit der andere Forscher ihre eigenen Ergebnisse geprüft haben (siehe z. B. Hamar u. Mitarb.

1964). Aufgrund dieser Ergebnisse wurde allgemein akzeptiert, daß Leistungsfähigkeit und industrielle Produktionsleistung in ihrem Tagesgang charakterisiert sind durch einen Vormittagsgipfel, eine Mittagssenke, einen Nachmittagsgipfel und eine tiefe mitternächtliche Senke.

Die in kontrollierten Laboruntersuchungen gefundenen circadianen Leistungskurven waren allerdings weniger markant im Vergleich zu den circadianen Schwankungen bei Felduntersuchungen, und manchmal konnte überhaupt kein Rhythmus aufgedeckt werden. Z. B. stellte Pirtkien (1961) fest, daß hoch motivierte Arbeiter in der Lage sind, ein konstantes Niveau der psychomotorischen Leistung über 24 Stunden durchzuhalten. Ebenso fanden Chiles u. Mitarb. (1968), die junge Luftwaffenoffiziere während eines simulierten Interstellarfluges mit einer viele Tage dauernden Isolation untersuchten, daß, im Gegensatz zu einer ersten Gruppe, die ein typisches circadianes Muster der Leistungsfähigkeit zeigte, die nachfolgenden Gruppen, denen zunehmend mehr Informationen über die nicht konstanten Leistungen der vorherigen Gruppen gegeben wurden, sogar ein Verschwinden dieses circadianen Leistungsmusters zeigen konnten.

Um die basale Leistungskurve von Einflüssen der Motivation der Versuchspersonen unabhängig zu machen, wurden Versuche unternommen, die maximale körperliche Leistungskapazität zu verschiedenen Zeiten des Tages zu messen. Zur Überraschung vieler Untersucher zeigte sich dabei, daß die „Physical Working Capacity" während der Nacht höher ist als am Tage (Klein u. Mitarb. 1968; Voigt u. Mitarb. 1968; Donoso u. Mitarb. 1971; Yoder und Botzum 1971). Hierzu bot Hildebrandt (1970) die Erklärung an, daß tatsächlich während der Nacht eine gesteigerte physische Leistungsfähigkeit bestehe, die auf der zunehmenden Ökonomie der Körperregulationen während der Ruhezeit beruhe. Durch die minimale nervale Reaktionsbereitschaft während der Nacht werde der Körper jedoch in dieser Phase vor Ausbeutung geschützt. Wahlberg und Åstrand (1973) bestimmten die maximale Arbeitskapazität während des Tages und der Nacht durch direkte Messung und kamen zu dem Schluß, daß es keine grundlegenden tageszeitlichen Differenzen gäbe. Appel und Östberg (1974) sowie Östberg und Svensson (1975) untersuchten die circadianen Differenzen sowohl anhand der submaximalen Herzfrequenz als auch anhand der subjektiven Anstrengung. Sie fanden dabei, daß, nach Berechnung der Gruppenmittel, die interindividuellen Differenzen in der zeitlichen Lage der Maxima der körperlichen Leistungsfähigkeit groß genug sind, um den circadianen Rhythmus zu verdecken. Durch Interpretation der Veränderungen der Herzfrequenz und des subjektiven Anstrengungsgefühls in bezug auf das funktionelle Alter erschienen sogar geringe circadiane Differenzen von Bedeutung. Dabei konnte der Schluß gezogen werden, daß Morgentypen am Morgen „jung" und abends „alt" sind, und umgekehrt die Abendtypen.

Einflußfaktoren auf das Zeitmuster der Circadianrhythmik

Interessanterweise werden Morgen- und Abendtyp bereits in den fötalen Bewegungen deutlich; Ehrström (1973) hat berichtet, daß schwangere Frauen ein Tagesmaximum der Kindsbewegungen entweder am Morgen oder am

Abend angeben. Es liegen allerdings zahlreiche Berichte vor, nach denen Neugeborene keine ausgeprägten circadianen Rhythmen aufweisen. Jundell (1904) war einer der ersten, der nachwies, daß eine faßbare Circadianrhythmik der Körpertemperatur nicht vor der zehnten Alterswoche auftritt. Nach Sander u. Mitarb. (1972) ist es möglich, daß das tägliche Zeitmuster der Pflege bei Neugeborenen die Entwicklung der Circadianrhythmik beeinflußt. Aschoff (1967) hat aber, wie auch andere Autoren, bereits vor langer Zeit festgestellt, daß der Circadianrhythmus zweifellos nicht erlernt, sondern angeboren ist, und daß der Rhythmus sich als eine Funktion der Reifung und nicht des Anlernens entwickelt.

Von großem Interesse sind die Befunde von Kleitman und Engelmann (1953) über die Anpassung des Schlaf-Wach-Zyklus und des Nahrungsrhythmus bei Kindern. Die Autoren fanden Anhalte für die Existenz eines 25-Stunden-Rhythmus, bevor sich der 24-Stunden-Rhythmus ausbildete. Dieser Befund entspricht der gut dokumentierten neueren Einsicht, daß Menschen, die in einer zeitgeberfreien Umgebung, wie z. B. in unterirdischen Bunkern (Übersicht s. Wever 1969) oder in Höhlen (Übersicht s. Conroy und Mills 1970) gewöhnlich einen etwa 25stündigen Rhythmus aufweisen. Aschoff (1965) konnte zeigen, daß eine Ankopplung des 25-Stunden-Rhythmus an einen 24-Stunden-Rhythmus zu einer charakteristischen Phasenverschiebung des angekoppelten Rhythmus führt. Aufgrund von Vergleichsuntersuchungen der Circadianrhythmen bei Morgen- und Abendtypen ging Östberg (1973a) von der Annahme aus, daß die Morgentypen eine autonome 24-Stunden-Rhythmik haben, während die Abendtypen von einer länger als 24stündigen Periodik abhängen. Übrigens hatte schon Eränkö (1957) vermutet, daß ein 25stündiger Tag die Probleme der rotierenden Schichtarbeit lösen könnte. Als aber Wedderburn (1972) dies mit einer kleinen Gruppe von Schichtarbeitern ausprobierte, stellte sich heraus, daß das 25-Stunden-System aus sozialer Sicht unannehmbar ist.

In Situationen mit starken sozialen Interaktionen kann die Phase, aber nicht die Periodendauer des Circadianrhythmus beeinflußt werden. Toulouse und Piéron (1907) beobachteten eine 12-Stunden-Phasenverschiebung der Körpertemperatur bei Nachtschwestern. Lindhard (1917) verschob die Uhrzeit bei 28 Teilnehmern einer Polarexpedition um vier Stunden, in einem zweiten Versuch um acht Stunden. Innerhalb einer Woche hatte sich die Körpertemperatur daran angepaßt. Lindhard bemerkte jedoch, daß nicht alle physiologischen Funktionen sich mit der gleichen Leichtigkeit verändern lassen, wobei die Verdauungsrhythmik besonders resistent ist. Er bemerkte auch, daß Personen, die Anpassungsschwierigkeiten beim ersten Versuch hatten, ähnliche Schwierigkeiten beim zweiten Versuch erfuhren.

Bei interkontinentalen Flügen wird der Passagier häufig einer Umweltzeitordnung ausgesetzt, die von der Phasenlage seiner eigenen Circadianrhythmik vollständig abweicht. Obwohl diese Rhythmik sich im allgemeinen innerhalb einer Woche der neuen Zeitordnung anpaßt, konnten Klein und Wegmann (1974) nachweisen, daß die Anpassung umso schneller verläuft, je sozial aktiver sich der Reisende verhält. Bei interkontinentalen Schiffsreisen erfolgt die allmähliche Anpassung an die neuen Zeitzonen unbemerkt. Das traditionelle

Wachwechselsystem auf Schiffen erfordert jedoch eine Anpassung an einen Rhythmus mit wesentlich kürzerer Periodendauer als 24 Stunden, auf den sich eine Mannschaft in sozialer Hinsicht nur schwer einstellt (Colquhoun u. Mitarb. 1975).

Lewis und Lobban (1957) gaben ihren Versuchspersonen in Spitzbergen falschgehende Armbanduhren, die entweder beschleunigt liefen und einen 21-Stunden-Tag produzierten, oder langsamer waren, so daß sich ein 27-Stunden-Tag ergab. Die Versuchspersonen waren nicht fähig, sich an die 21-Stunden-Periodizität anzupassen, konnten sich aber bis zu einem gewissen Grade an den 27-Stunden-Tag adaptieren. Der wichtigste Befund war jedoch, daß die Körperfunktionen dissoziiert wurden, indem einige Funktionen sich leichter als andere anpaßten. Das augenfälligste Beispiel einer Desynchronisation bzw. Dissoziation der Phasen ergibt sich, wenn die Körpertemperatur außer Phase mit dem Aktivitätszyklus ist, was häufig in zeitgeberfreier Umgebung (Mills u. Mitarb. 1974), bei Zeitzonensprüngen (Klein u. Mitarb. 1972) und bei Schichtarbeit (Colquhoun und Edwards 1970) auftritt.

Wenn die gewohnten Zeitgeber entzogen werden, können nicht nur viele Körperrhythmen irritiert werden, sondern sie können auch voneinander unabhängig werden; die Rhythmen werden „frei laufend". Lund (1974) und Wever (1974) haben berichtet, daß eine Beziehung zwischen Neurotizismus und einer stärkeren internen Desynchronisation verschiedener Rhythmen besteht, wenn die Versuchspersonen von äußeren Zeitgebern isoliert werden. Von Hildebrandt u. Mitarb. (1975) wurde das Verhältnis von Herz- und Atemfrequenz untersucht, wobei sie zu dem Schluß kamen, daß dieses Verhältnis als ein Indikator der individuellen Verträglichkeit von Nacht- und Schichtarbeit brauchbar sei. Diese Befunde lassen auch erkennen, daß in einer zeitgeberfreien Umgebung bei Morgentypen der Puls-Atem-Quotient größer als 4:1, bei Abendtypen kleiner als 4:1 ist.

Wiedererwachtes Interesse an Morgen- und Abendtypen

Seit dem Ende der sechziger Jahre ist das Interesse an Morgen- und Abendtypen beträchtlich gewachsen. Dazu haben zahlreiche Faktoren beigetragen; es können jedoch nur die Grundlinien dieser Entwicklung hier diskutiert werden.

Die Suche nach einer optimalen zeitlichen Ordnung der menschlichen Aktivitäten hat die Forscher schon seit langem interessiert. Dies spiegelt sich in Marshs (1906) Rat an Handarbeiter: „Mache einige körperliche Übungen am Morgen und du wirst mehr Geld verdienen". Zu Marshs Zeiten war es üblich, die tageszeitliche Ordnung großer Männer der Geschichte zu analysieren, um Hinweise für eine optimale Lebensordnung zu gewinnen. Kürzlich haben Rose u. Mitarb. (1971) Hinweise für Studenten ausgearbeitet, wie sie ihre eigenen intellektuellen und kreativen Kräfte zu unterschiedlichen Tageszeiten einschätzen können. Horsbrugh (1973) hat für diesen Zweck einen speziellen Fragebogen entwickelt, „the neodic chart", anhand dessen gefunden wurde, daß 25% der Studenten Morgentypen und 20% Abendtypen waren. Pátkai (1971a, b) war der Meinung, daß die konstitutionell gebundenen Arbeitsgewohnheiten ein wichtiger Faktor für die Bestimmung sowohl der Leistungsfähigkeit als auch der Arbeitsfreude sind. Das Tagesmaximum der Leistungsfähigkeit ist weiterhin von Interesse für Leistungssportler, und Conroy und O'Brian (1974) fanden, daß von 30 Athleten von internationalem Rang 6 ihre Höchstleistungen am Morgen und 24 am Abend erzielten.

Wo eine optimale Zeiteinteilung der Aktivitäten nicht möglich ist, sind Versuche unternommen worden, Auswahlkriterien für solche Menschen zu definieren, die zu einer gegebenen Zeitordnung am besten passen. Ross (1956) fand, daß Nachtarbeit in der Regel von Abendtypen bevorzugt wird, sowie auch von scheuen Menschen, die das Tageslicht und Menschenansammlungen meiden möchten. Aanonsen (1964) stellte fest, daß ein hoher Anteil jener Arbeiter, die die Schichtarbeit aus medizinischen Gründen aufgegeben hatten, zu dem Typ „früh zu Bett – früh heraus" gehörten. Er war der Meinung, daß weitere Untersuchungen über die Schlafgewohnheiten und Schlaftypen ausgeführt werden sollten, um damit Auswahlkriterien zu finden. Curtis und Fogel (1972) benutzten den California Psychological Inventory (CPI) auf der Suche nach Voraussagen über die Fähigkeit, zur Unzeit zu schlafen. Regelsberger (1940a, b) fand, daß „robuste Individuen" sich an dauernde Nachtarbeit anpassen können, und daß die Form der individuellen circadianrhythmischen Kurve ebenso spezifisch sei wie der Fingerabdruck. Östberg (1973b) untersuchte die Anpassung an eine bestimmte Schichteinteilung und kam zu dem Schluß, daß es erhebliche interindividuelle Differenzen im circadianen Verlauf der Ermüdung bei Schichtarbeitern gibt, und daß die Unterscheidung von Morgen- und Abendtyp einen großen Teil dieser Unterschiede erklären kann. Reinberg u. Mitarb. (1975) gingen soweit, zu sagen, daß die Fähigkeit, Schichtarbeit auszuführen und sich schnell anzupassen, angeboren sei.

Wedderburn (1972b) vertrat die Ansicht, daß in allen Experimenten, in denen die Tageszeit einen wichtigen Faktor darstellt, die Unterschiede zwischen verschiedenen Individuen nicht als „lästiges Rauschen" in den experimentellen Ergebnissen betrachtet werden sollten, sondern eher als ein Variationsparameter, der die Tür zu weiterem Verständnis öffnet. Dieser Zugang zum Morgen-/Abendtyp-Problem wurde in den Untersuchungen von Östberg und Svensson (1975) über das funktionelle Alter und die körperliche Leistungsfähigkeit benutzt, weiterhin auch von Östberg und Nicholl (1975) bei ihren Studien über die thermischen Vorzugsbedingungen während des Tages und der Nacht.

Ein einfacher Fragebogen zur Bestimmung des Morgen- und Abendtyps

Um auch anderen Forschern die Möglichkeit zu geben, die fruchtbare Dimension Morgen-/Abendtyp bei der Untersuchung menschlicher Circadianrhythmen zu verwenden, wird im folgenden eine englische Version des schwedischen Morgen-/Abendtyp-Fragebogens mitgeteilt, wie sie von Östberg benutzt wurde. Die andersartige Lebensweise der Engländer erforderte allerdings viele Modifikationen des Fragebogens, wobei zugleich neue Items eingeführt wurden und andere weggelassen werden mußten. Bei dieser Umformung für englische Probanden wurde gleichzeitig die Gelegenheit wahrgenommen,

Tabelle 1. *Fragebogen*

Gebrauchsanleitung

1. Lesen Sie bitte jede Frage sehr sorgfältig, ehe Sie antworten.
2. Beantworten Sie bitte *alle* Fragen.
3. Beantworten Sie die Fragen bitte in der vorgegebenen Reihenfolge.
4. Jede Frage soll unabhängig von anderen Fragen beantwortet werden. Blättern Sie also bitte *nicht* zurück, um vorher gegebene Antworten zu vergleichen.
5. Für alle Fragen ist eine Auswahl von Antworten vorgegeben. Kreuzen Sie bitte nur *eine* dieser Antworten an. Hinter einigen Fragen finden Sie anstelle der vorgegebenen Antworten eine Skala. Kreuzen Sie daran bitte den Ihnen richtig erscheinenden Punkt an.
6. Beantworten Sie bitte jede Frage so offen wie möglich. Sowohl Ihre Antworten als auch das Gesamtergebnis werden *streng vertraulich behandelt werden*.
7. Fühlen Sie sich bitte völlig frei, über jede Frage auch weitere Bemerkungen zu machen. Sie finden dafür jeweils Platz.

Fragen mit den zugehörigen Bewertungsziffern

1. Wann würden Sie am liebsten aufstehen, wenn Sie völlig frei in Ihrer Tagesplanung wären und sich ausschließlich nach Ihrem persönlichen Gefühl richten könnten?

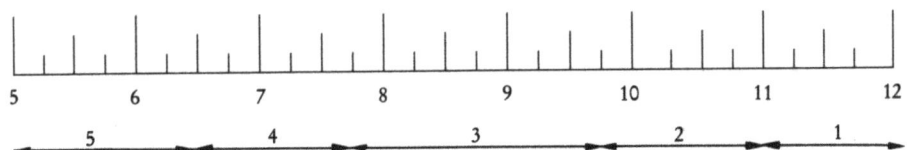

Bemerkungen:

2. Wann würden Sie am liebsten zu Bett gehen, wenn Sie völlig frei in der Planung Ihres Abends wären und sich ausschließlich nach Ihrem persönlichen Gefühl richten könnten?

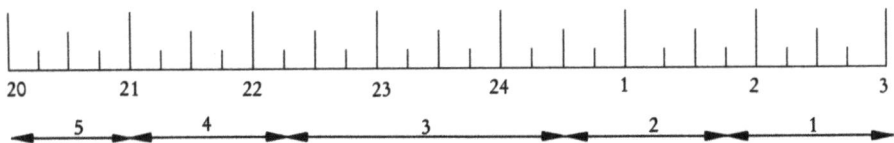

Bemerkungen:

3. Wie weit sind sie davon abhängig, vom Wecker geweckt zu werden, wenn Sie am Morgen zu einer bestimmten Zeit aufstehen müssen?

Überhaupt nicht abhängig	4
Gelegentlich abhängig	3
Ziemlich abhängig	2
Ganz und gar abhängig	1

Bemerkungen:

4. Wie leicht fällt Ihnen das Aufstehen am Morgen unter normalen Bedingungen?

- Sehr schwer .... ☐ 1
- Ziemlich schwer .... ☐ 2
- Ziemlich leicht .... ☐ 3
- Sehr leicht .... ☐ 4

Bemerkungen:

5. Wie wach fühlen Sie sich in der ersten halben Stunde nach dem morgendlichen Aufstehen?

- Noch sehr schläfrig .... ☐ 1
- Ein bißchen schläfrig .... ☐ 2
- Ziemlich wach .... ☐ 3
- Hellwach .... ☐ 4

Bemerkungen:

6. Wie ist Ihr Appetit in der ersten halben Stunde nach dem morgendlichen Aufwachen?

- Überhaupt kein Appetit .... ☐ 1
- Wenig Appetit .... ☐ 2
- Ziemlich guter Appetit .... ☐ 3
- Sehr guter Appetit .... ☐ 4

Bemerkungen:

7. Wie müde fühlen Sie sich in der ersten halben Stunde nach dem morgendlichen Aufstehen?

- Sehr müde .... ☐ 1
- Etwas müde .... ☐ 2
- Einigermaßen frisch .... ☐ 3
- Sehr frisch .... ☐ 4

Bemerkungen:

8. Wenn Sie am nächsten Tag keinerlei Verpflichtungen haben, wann gehen Sie schlafen im Vergleich zu Ihrer üblichen Schlafenszeit?

- Selten oder nie später .... ☐ 4
- Weniger als 1 Stunde später .... ☐ 3
- 1–2 Stunden später .... ☐ 2
- Mehr als 2 Stunden später .... ☐ 1

Bemerkungen:

9. Sie haben sich entschlossen, an einem Training zur Körperertüchtigung teilzunehmen. Ihr Freund schlägt vor, dies zweimal wöchentlich 1 Stunde durchzuführen. Die beste Zeit für ihn sei morgens zwischen 7 und 8 Uhr. Wäre dies eine günstige Zeit für Sie?

- Ich würde in guter Form sein .... ☐ 4
- Ich wäre in leidlich guter Form .... ☐ 3
- Es würde mir schwer fallen .... ☐ 2
- Es würde mir zu schwer fallen .... ☐ 1

Bemerkungen:

10. Wann sind Sie abends so müde, daß Sie schlafen gehen müssen?

```
|   |   |   |   |   |   |   |   |   |
20    21    22    23    24    1    2    3
   5       4         3       2       1
```

Bemerkungen:

11. Für einen zweistündigen Test, der Sie geistig vollständig beanspruchen wird, möchten Sie auf dem Höhepunkt Ihrer Leistungsfähigkeit sein. Welchen der vier angegebenen Prüfungstermine würden Sie dafür wählen, wenn Sie völlig unabhängig in Ihrer Tageseinteilung wären und sich nur nach Ihrem eigenen Gefühl richten müßten?

    8.00–10.00 Uhr .... ☐ 6
    11.00–13.00 Uhr .... ☐ 4
    15.00–17.00 Uhr .... ☐ 2
    19.00–21.00 Uhr .... ☐ 0

Bemerkungen:

12. Wie groß ist Ihre Müdigkeit, wenn Sie um 23.00 Uhr zu Bett gehen?

    Ich bin sehr müde..................... ☐ 5
    Ich bin einigermaßen müde .... ☐ 3
    Ich bin kaum müde .... ☐ 2
    Ich bin überhaupt nicht müde .... ☐ 0

Bemerkungen:

13. Aus irgendeinem Grunde sind Sie etliche Stunden später als gewöhnlich zu Bett gegangen. Es besteht keine Notwendigkeit, am nächsten Morgen zu einer bestimmten Zeit aufzustehen. Welche der vier angegebenen Möglichkeiten würde für Sie zutreffen?

    Ich werde zur gewohnten Zeit wach und schlafe *nicht* wieder ein .... ☐ 4
    Ich erwache zur gewohnten Zeit und döse dann weiter .... ☐ 3
    Ich erwache zur gewohnten Zeit, schlafe aber wieder ein .... ☐ 2
    Ich wache später als gewöhnlich auf ..... ☐ 1

Bemerkungen:

14. Sie müssen eines Nachts zwischen 4 und 6 Uhr eine Nachtwache halten. Am nächsten Tage haben Sie keinerlei Verpflichtungen. Welche der folgenden vier Möglichkeiten ist ihnen am angenehmsten?

    Ich gehe erst nach der Nachtwache schlafen .... ☐ 1
    Ich mache vorher ein Nickerchen und schlafe nachher .... ☐ 2
    Ich schlafe vorher gut und mache nachher ein Nickerchen .... ☐ 3
    Ich schlafe vorher ganz aus .... ☐ 4

Bemerkungen:

15. Sie müssen zwei Stunden lang schwere körperliche Arbeit verrichten. Welche der folgenden Zeitspannen würden Sie dafür wählen, wenn Sie völlig frei in ihrer Tagesplanung wären und sich nur nach Ihrem persönlichen Gefühl richten könnten?

    8.00–10.00 Uhr 4
    11.00–13.00 Uhr 3
    15.00–17.00 Uhr 2
    19.00–21.00 Uhr 1

Bemerkungen:

16. Sie haben sich entschlossen, ein hartes körperliches Training durchzuführen. Ein Freund schlägt vor, dafür zweimal wöchentlich 1 Stunde zu verwenden. Seine beste Zeit wäre zwischen 22 und 23 Uhr. Wie günstig wäre nach Ihrem Gefühl diese Zeit für Sie?

    Ja, ich wäre in guter Form 1
    Einigermaßen, ich wäre in annehmbarer Form 2
    Ein bißchen spät, ich wäre schlecht in Form 3
    Nein, ich wäre dazu nicht fähig 4

Bemerkungen:

17. Stellen Sie sich vor, Sie könnten Ihre Arbeitszeit frei wählen. Nehmen Sie an, Sie hätten (einschließlich Pausen) einen 5-Stunden-Tag und Ihre Arbeit wäre interessant und befriedigend. Wählen Sie *fünf zusammenhängende* Arbeitsstunden aus.

24 1 2 3 4 5 6 7 8 9 10 11 12 13 14 15 16 17 18 19 20 21 22 23 24
Mitternacht   Mittag   Mitternacht
  1   5   4   3   2   1

Bemerkungen:

18. Zu welcher Tageszeit sind Sie ganz „auf der Höhe"? (Kreuzen Sie bitte nur eine Stunde an!)

24 1 2 3 4 5 6 7 8 9 10 11 12 13 14 15 16 17 18 19 20 21 22 23 24
Mitternacht   Mittag   Mitternacht
  1   5   4   3   2   1

Bemerkungen:

19. Man hört manchmal von „Morgenmenschen" und „Abendmenschen". Für welchen dieser Typen halten Sie sich?

    Eindeutig ein Morgentyp 6
    Eher ein Morgen- als ein Abendtyp 4
    Eher ein Abend- als ein Morgentyp 2
    Eindeutig ein Abendtyp 0

Bemerkungen:

Beurteilungsschlüssel nach der Summe der Bewertungsziffern:

Über 69:	Stark ausgeprägter Morgentyp
59–69:	Schwach ausgeprägter Morgentyp
42–58:	Indifferenztyp
31–41:	Schwach ausgeprägter Abendtyp
Unter 31:	Stark ausgeprägter Abendtyp

---

sämtliche Aspekte des Fragebogens neu zu überdenken, insbesondere auch den numerischen Auswertungsmodus. Weitere Informationen (Analyse und Auswertung der Fragen) über die Konstruktion einer frühen schwedischen Fassung des Fragebogens finden sich bei Öquist (1970) und für eine kürzlich entstandene weitere englische Version bei Claridge (1975). Die Auswertung des vorliegenden Fragebogens beruht auf den Ergebnissen einer Untersuchung von nur 150 Erwachsenen im Alter zwischen 18 und 32 Jahren, beiderlei Geschlechts, wodurch möglicherweise die kategorialen Kriterien nicht optimal gegeneinander abgegrenzt sind.

Morgentyp und Abendtyp in Beziehung zu Introversion und Extraversion

In der Diskussion um die interindividuellen Differenzen der menschlichen Circadianrhythmik werden Morgen- und Abendtyp häufig gleichgesetzt mit introvertierten und extravertierten Persönlichkeitsmerkmalen (vgl. dazu Klein u. Mitarb. 1975). Ein solches Vorgehen scheint gut begründet durch die (allerdings nicht signifikanten) Unterschiede im oralen Temperaturverlauf, wie sie von Blake (1967) berichtet wurden und in Abb. 1 dargestellt sind.

Horne und Östberg (1975) verglichen jedoch die circadianrhythmischen Aspekte des Fragebogens mit den Ergebnissen einer Testmethode zur Einteilung von Introversion und Extraversion und kamen zu dem Schluß, daß Intro-

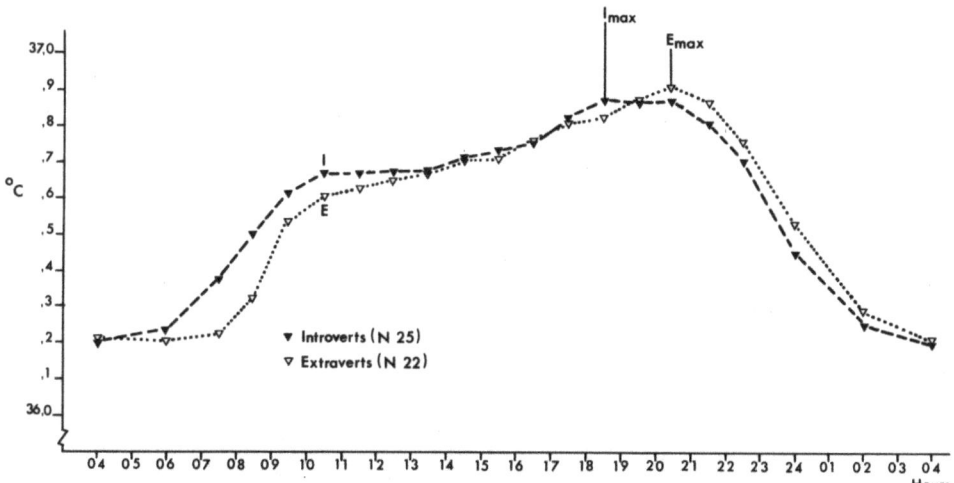

Abb. 1. Tagesgang der Körpertemperatur bei Introvertierten und Extravertierten. (Nach Blake 1967)

version und Extraversion kein hinreichend sicherer Indikator für Morgentyp und Abendtyp sein können. Um weitere Einsichten in diesem Zusammenhang zu gewinnen, wurden die Versuchspersonen, die den obengenannten Fragebogen ausgefüllt hatten, gleichzeitig aufgefordert, ihre Oraltemperatur im Tagesgang zu messen und den Eysenck-Personality-Inventory-Test (Eysenck und Eysenck 1964) zu beantworten.

Von den 150 Versuchspersonen der Fragebogenstudie waren 48 bereit, ihre Oraltemperatur über 3 Wochen hin fortlaufend zu kontrollieren. Die Messun-

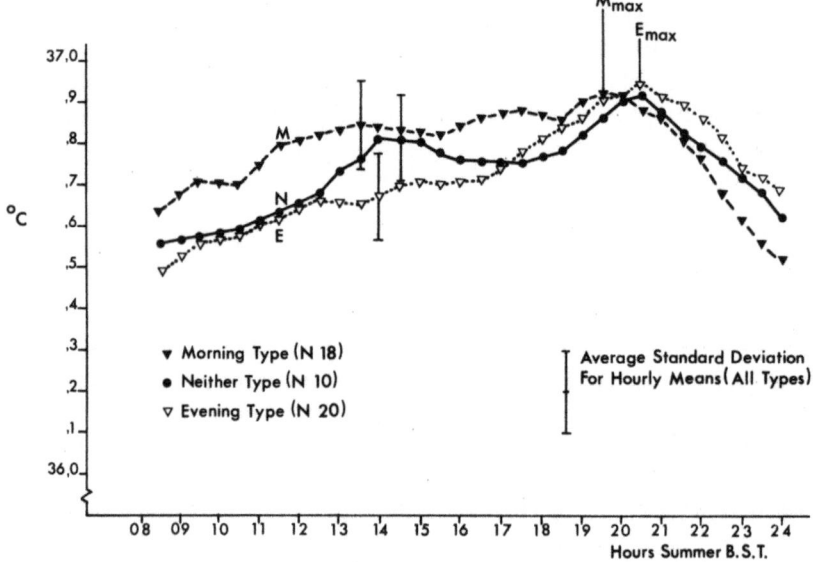

Abb. 2. Mittlerer Tagesgang der Mundtemperatur für Morgen-, Abend- und Indifferenztypen, nach Maßgabe des Fragebogens (n = 48)

gen wurden jeweils in etwa ¹/₂stündigen Intervallen von unmittelbar nach dem Aufwachen bis zum Schlafengehen vorgenommen. Die Versuchspersonen wurden sorgfältig im Gebrauch der Quecksilber-Thermometer eingeübt. Im zeitlichen Zusammenhang mit Rauchen, Essen und Trinken wurden keine Messungen vorgenommen, außerdem nicht beim Wechsel der Umgebung und zwei Stunden nach körperlichen Anstrengungen. Die Versuchspersonen führten außerdem Tagebücher über ihre Schlaf- und Mahlzeiten. Nach Beendigung der Messungen wurde für jede Versuchsperson der mittlere Verlauf der Oraltemperatur dadurch ermittelt, daß die Wachzeiten des Tages in ¹/₄-Stunden-Abschnitte unterteilt wurden, so daß sich etwa 60 solcher Abschnitte ergaben, in denen sämtliche Messungen der Untersuchungszeit jeweils gemittelt wurden. Im Durchschnitt enthielt jeder dieser Abschnitte vier Messungen pro Versuchsperson.

Entsprechend den Fragebogenergebnissen wurden die 48 Versuchspersonen in je drei Untergruppen eingeteilt: Morgentypen (n = 18), Indifferenztypen (n = 10) und Abendtypen (n = 20); Introvertierte (n = 13), Indifferenztypen (n = 19) und Extravertierte (n = 16). Die Einteilung der Morgen- und Abendtypen erfolgte gemäß den oben gegebenen Richtlinien. Als Introvertierte wurden solche Versuchspersonen bezeichnet, die 9 oder weniger Einheiten im EPI-Fragebogen erzielten, als Extravertierte solche mit 15 und mehr Einheiten. Die Spearman-Rang-Correlation zwischen den an 48 Versuchspersonen gewonnenen Bewertungsziffern beider Fragebögen ergaben eine statistisch nicht zu sichernde Beziehung von r = –0,09, und auch der Median-Test, der nach verschiedenen Gesichtspunkten mit Bildung von Untergruppen ausgeführt

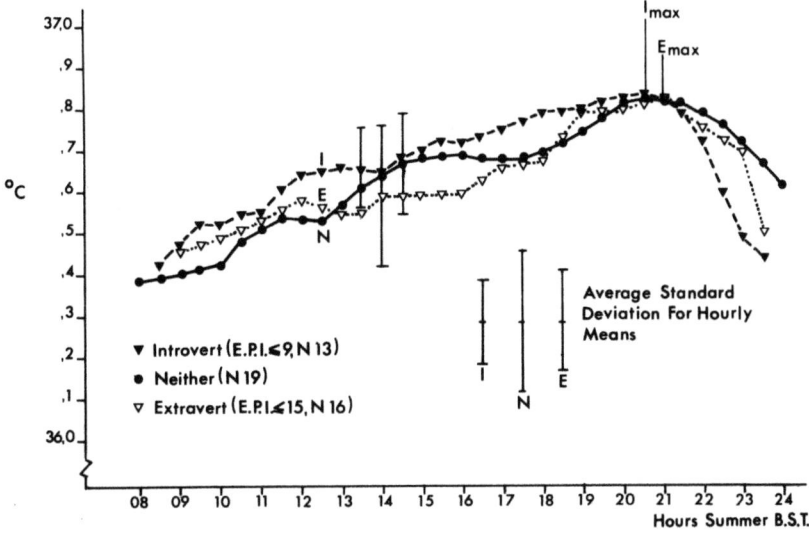

Abb. 3. Mittlerer Tagesgang der Mundtemperatur für Introvertierte, Extravertierte und Indifferenztypen, nach Maßgabe der E. P. I.-Auswertung (n = 48) (Einzelheiten s. im Text)

wurde, ergab keinerlei Anzeichen für signifikante Beziehungen zwischen Morgentyp und Abendtyp einerseits und Introversion und Extraversion andererseits. Die Ergebnisse einer Zusammenfassung der Oraltemperaturverläufe für die jeweils drei Teilgruppen beider Dimensionen sind in den Abb. 2 und 3 dargestellt.

Wie die Abbildungen erkennen lassen, scheinen zunächst sowohl Introversion und Extraversion als auch Morgentyp und Abendtyp die Maxima des Oraltemperaturganges zeitlich aufzugliedern. Die Dimension Introversion-Extraversion führt aber zu einer wesentlich geringeren Auftrennung als die Dimension Morgentyp-Abendtyp. Der Unterschied wird auch durch den Ausfall des T-Tests evident: Während die Maximazeiten von Introvertierten und Extravertierten sich nicht signifikant unterscheiden, besteht diesbezüglich ein signifikanter Unterschied zwischen Morgentyp und Abendtyp. Es kann auch abgelesen werden, daß die Dimension Morgentyp-Abendtyp hinsichtlich der Gruppenstreuungen das dominierende Prinzip darstellt (geringere Gruppenstreuung).

Literatur

Aanonsen, A. (1964): Shift Work and Health. Oslo: Universitetsforlaget.
Appel, C. P., Östberg, O. (1974): Skiftarbete vid Gummifabriken Gislaved AB. Stockholm: Kooperationens Förhandlingsorganisation.
Aschoff, J. (1965): The Phase-Angle Difference in Circadian Periodicity. In: Aschoff, J. (Hrsg.): Circadian Clocks. Amsterdam: North Holland.
Aschoff, J. (1967): Human Circadian Rhythms in Activity, Body Temperature, and Other Functions. In: Brown, A. H., Favorite, F. G. (Hrsg.): Life Sciences and Space Research V. Amsterdam: North Holland.
Bergmann, K. G. (1845): Nichtchemischer Beitrag zur Kritik der Lehre vom Calor animalis. Arch. Anat. u. Physiol. *1845*, 300–319.
Bergström, J. A. (1894): An experimental study of some of the conditions of mental activity. Amer. J. Psychol. *6*, 247–274.
Bjerner, B., Holm, Å., Swensson, Å. (1948): Om natt- och skiftarbete. Statens offentliga Utredningar *51*, 87–159.
Bjerner, B., Holm, Å., Swensson, Å. (1955): Diurnal variation in mental performance: a study of three-shift workers. Brit. J. Industrial Med. *12*, 103–110.
Blake, M. J. F. (1967): Relationship between circadian rhythm of body temperature and introversion-extraversion. Nature *215*, 896–897.
Brown, R. C. (1949): The day and night performance of teleprinter switchboard operators. Occupational Psychol. *23*, 121–126.
Chiles, W. D., Alluisi, E. A., Adams, O. S. (1968): Work schedules and performance during confinement. Human Factors *10*, 143–196.
Claridge, N. J. D. (1975): Further evaluation of individual difference in circadian rhythm of behaviour/body temperature and indentification of „morning types" and „evening types". Dept. of Human Sciences, Loughborough, England (unpublished report).
Colquhoun, W. P. (1960): Temperament, inspection efficiency, and time of day. Ergonomics *3*, 377–378.
Colquhoun, W. P., Edwards, R. S. (1970): Circadian rhythms of body temperature in shift-workers at a coalface. Brit. J. Industrial Med. *27*, 266–272.
Colquhoun, W. P., Hamilton, P., Edwards, R. S. (1975): Effects of Circadian Rhythm, Sleep Deprivation, and Fatigue on Watchkeeping Performance during the Night Hours. In: Colquhoun, W. P., Folkard, S., Knauth, P., Rutenfranz, J. (Hrsg.): Experimental Studies of Shiftwork. Opladen: Westdeutscher Verlag.
Conroy, R. T. W., Mills, J. N. (1970): Human Circadian Rhythms. London: Churchill.
Conroy, R. T. W., O'Brian, M. (1974): Diurnal variation in athletic performance. J. Physiol. *236*, 51 P.
Curtis, G. C., Fogel, M. L. (1972): Random living schedule: psychological effects in man. J. Psych. Res. *9*, 315–323.
Donoso, H., Apud, E., Lundgren, N. P. V. (1971): Direct estimation of circulatory fatigue using a bicycle ergometer. Ergonomics *14*, 53–60.
Ehrström, C. (1973): Gravida kvinnors bedömning av fosterrörelser. Läkartidningen (Sweden) *70*, 1303–1305.
Eränkö, O. (1957): 25-hour day: one solution to the shiftwork problem. Proc. of the XII. Int. Congr. on Occupational Health, Helsinki.
Eysenck, H. J., Eysenck, S. B. G. (1964): Manual of the Eysenck Personality Inventory. London: University of London Press.
Folkard, S. (1975a): Diurnal variation of logical reasoning. Brit. J. Psychol. *66*, 1–8.
Folkard, S. (1975b): The Nature of Diurnal Variations in Performance and their Implications for Shift Work Studies. In: Colquhoun, W., P., Folkard, S., Knauth, P., Rutenfranz, J. (Hrsg): Experimental Studies of Shiftwork. Opladen: Westdeutscher Verlag.
Freeman, G. L., Hovland, C. I. (1934): Diurnal variations in performance and related physiological processes. Psychol. Bull. *31*, 777–799.
Gierse, A. (1842): Quaenam sit ratio caloris organici partium inflammatione laboratium hominis dormientis et non dormientis. Diss., Halle.
Goldmark, J., Hopkins, M. D. (1920): Comparison of an eight-hour plant and a ten-hour plant. Public Health Bull. (Washington), No. 106.

Graf, O. (1933): Untersuchungen über die Wirkung zwangsläufiger zeitlicher Regelung der Arbeitsvorgänge (III): Die Schwankungen der Leistungsfähigkeit während des Tages und die Frage einer „physiologischen Arbeitskurve". Arbeitsphysiol. 7, 358–380.

Graf, O. (1961): Arbeitslauf und Arbeitsrhythmus. In: Lehmann, G. (Hrsg.): Handbuch der gesamten Arbeitsmedizin (I): Arbeitsphysiologie. Berlin: Urban und Schwarzenberg.

Hamar, N., Szazados, I., Szücs, E., Tiszavölgyi, Gy. (1964): Über die Stereotypen der Leistungsdisposition. Int. Z. angew. Physiol. einschl. Arbeitsphysiol. 20, 271–280.

Hampp, H. (1961): Die tagesrhythmischen Schwankungen der Stimmung und des Antriebes beim gesunden Menschen. Arch. Psychiatrie und Z. ges. Neurol. 201, 355–377.

Hartmann, E., Baekeland, F., Zwilling, G. R. (1972): Psychological differences between long and short sleepers. Arch. Gen. Psychiatry 26, 463–468.

Helmholtz, H. v. (1846): Wärme (physiologisch). Encyclopäd. Wörterbuch d. med. Wiss. 35, 523–567.

Hildebrandt, G. (1970): Über die Bedeutung einer tageszeitlichen Ordnung der Hydrotherapie. Allg. Therapeutik (Bad Wörishofen) 10, 30–36.

Hildebrandt, G., Engelbertz, P. (1953): Bedeutung der Tagesrhythmik für die physikalische Therapie. Arch. phys. Ther. 5, 160–170.

Hildebrandt, G., Ishag George, B. (1973): Untersuchungen über die Bedeutung anamnestischer Fragen für die Bestimmung vegetativer Reaktionstypen. Z. angew. Bäder- u. Klimaheilk. 20, 237–273 u. 365–385.

Hildebrandt, G., Rohmert, W., Rutenfranz, J. (1975): The Influence of Fatigue and Rest Period on the Circadian Variation of Error Frequency in Shift Workers (Engine Drivers). In: Colquhoun, W. P., Folkard, S., Knauth, P., Rutenfranz, J. (Hrsg.) Experimental Studies of Shiftwork. Opladen: Westdeutscher Verlag.

Horne, J. A., Östberg, O. (1975): Time of day effects upon extraversion and salivation. J. Biol. Psychol. 3, 261–267.

Horsbrugh, P. (1973): Personal neodic energy profile. Environic Found. Int., Inc., Notre Dame.

Johansson, J. E. (1898): Über die Tagesschwankungen des Stoffwechsels und der Körpertemperatur in nüchternem Zustande und vollständiger Muskelruhe. Skand. Arch. Physiol. 8, 85–142.

Jundell, J. (1904): Über die nykthemeralen Temperaturschwankungen im ersten Lebensjahre des Menschen. Jahrbuch Kinderheilk. 59, 521–619.

Jürgensen, T. (1873): Die Körperwärme des gesunden Menschen. Leipzig: Vogel.

Klein, K. E., Brüner, H., Günter, E., Jovy, D., Mertens, J., Rimpler, A., Wegmann, H. M. (1972): Psychological and Physiological changes Caused by Desynchronization Following Transzonal Air Travel. In: Colquhoun, W. P. (Hrsg.): Aspects of Human Efficiency. London: English Universities Press.

Klein, K. E., Wegmann, H. M. (1974): The Resynchronization of Human Circadian Rhythms after Transmeridian Flights as a Result of Flight Direction and Mood of Activity. In: Scheving, L. E., Halberg, F., Pauly, J. E. (Hrsg.): Chronobiology. Tokyo: Ikagu Shoin.

Klein, K. E., Wegmann, H. M., Aathanassenas, G., Kuklinski, P. (1975): Air operation and circadian performance rhythms. Proc. of the 32nd NATO – ASMP Meeting, Ankara.

Klein, K. E., Wegmann, H. M, Brüner, R. (1968): Circadian rhythm in indices of human performance, physical fitness, and stress resistance. Aerospace Med. 39, 512–518.

Kleitman, N. (1939): Sleep and Wakefulness. Chicago: University of Chicago Press. (1939 1st ed.; 1963 revised and enlarged ed.)

Kleitman, N. (1949): Biological rhythms and cycles. Physiol. Rev. 29, 1–30.

Kleitman, N., Engelmann, Th. G. (1953): Sleep characteristics of infants. J. Appl. Physiol. 6, 269–282.

Kraepelin, E. (1893): Ueber psychische Disposition. Arch. Psychiatrie u. Nervenkrankh. 25, 593–594.

Kraepelin, E. (1902): Die Arbeitscurve. Philosoph. Studien 19, 459–507.

Lampert, H. (1939): Reaktionstypenlehre. Deutsche Zahn-, Mund- u. Kieferheilk. 6, 745–750.

Lay, W. A. (1912): Über das Morgen- und Abendlernen. Z. Erforsch. u. Behandlung d. Jugendl. Schwachsinns auf wiss. Grundlage 5, 285–292.

Lehmann, G. (1961): Das physische Leistungsvermögen des Menschen. In: Lehmann, G. (Hrsg.): Handbuch der gesamten Arbeitsmedizin, I: Arbeitsphysiologie. Berlin: Urban und Schwarzenberg.

Lehmann, G., Michaelis, H. (1941): Die Messung der körperlichen Leistungsfähigkeit. Arbeitsphysiol. *11*, 376–392.
Léopold-Lévi, M. (1932): Le lever matinual précoce. Bull. et mémoires de la Soc. de Méd. de Paris *1932*, 117–121.
Lewis, P. R., Lobban, M. C. (1957): Dissociation of diurnal rhythms in human subjects living on abnormal time routines. Quart. J. Experimental Physiol. *42*, 371–386.
Lindhard, J. (1917): Investigations into the conditions governing the temperature of the body. Meddelelser om Grønland (Copenhagen) *44*, 1–53.
Lombard, W. P. (1892): Some of the influences which affect the power of voluntary muscular contractions. J. Physiol. *13*, 1–58.
Lund, R. (1974): Personality factors and desynchronization of circadian rhythms. Psychosomatic Med. *36*, 224–228.

Marsh, H. D. (1906): The diurnal course of efficiency. Contributions to Philosophy and Psychology from the University of Columbia *14*, No. 3.
Menzel, W. (1962): Menschliche Tag-Nacht-Rhythmik. Basel–Stuttgart: Schwabe.
Michelson, E. (1899): Untersuchungen über die Tiefe des Schlafes. Psycholog. Arbeiten *2*, 84–117.
Middelhoff, H. D. (1967): Tagesrhythmische Schwankungen bei endogenen Depressiven im symptomfreien Intervall und während der Phase. Arch. Psychiatrie u. Z. ges. Neurol. *209*, 315–339.
Mills, J. N., Minors, D. S., Waterhouse, J. M. (1974): Dissociation between different components of circadian rhythms in human subjects deprived of knowledge of time. J. Physiol. *236*, 51P–52P.
Mosso, A. (1892): Die Ermüdung. Leipzig: Hirzel.
Mosso, A., Maggiora, A. (1888): Le leggi della fatica studiale nei muscolo dell'uomo. Reale Accademia dei Lincei *5*, 410–488.
Mosso, U. (1887): Recherches sur l'inversion des oscillations diurnes de la température chez l'homme normal. Arch. Italienne Biol. *8*, 177–185.

O'Shea, M. V. (1900): Aspects of mental economy. Bull. of the University of Wisc. *2*, 33–198.
Östberg, O. (1973a): Circadian rhythm of food intake and oral temperature in "morning" and „evening" groups of individuals. Ergonomics *16*, 203–209.
Östberg, O. (1973b): Interindividual differences in circadian fatigue patterns of shift workers. Brit. J. Industrial Med. *30*, 341–351.
Östberg, O., Nicholl, A. G. Mck (1975): The preferred thermal conditions for „morning" and „evening" types of people during day and night. Göteborg Psychol. Rep. *5*, No. 13.
Östberg, O., Svensson G. (1975): "Functional Age" and Physical Work Capacity During Day and Night. In: Colquhoun, W. P., Folkard, S., Kauth, P., Rutenfranz, J. (Hrsg.): Experimental Studies of Shiftwork. Opladen: Westdeutscher Verlag.
Öquist, O. (1970): Kartläggning av individuella dygnsrytmer. Thesis at the Dept. of Psychol., University of Göteborg.
Otto, H. (1935): Vom Recken, Strecken, Gähnen und Husten. Fortschr. d. Med. *53*, 304–306.

Pátkai, P. (1971a): The diurnal rhythm of adrenaline secretion in subjects with different working habits. Acta Physiol. Scand. *81*, 30–34.
Pátkai, P. (1971b): Interindividual differences in diurnal variations in alertness, performance, and adrenaline excretion. Acta Physiol. Scand. *81*, 35–46.
Petrie, A. (1967): Individuality in Pain and Suffering. Chicago: University of Chicago Press.
Pflug, B., Tölle, R. (1971): Disturbances of the 24-hour rhythm in endogenous depression and the treatment of endogenous depression by sleep deprivation. Int. Pharmacopsychiatry *6*, 187–196.
Pirlet, K. (1955): Ein Fragetest zur Bestimmung der individuellen Reaktionsweise. Ärztl. Forsch. *9*, 560–564.
Pirtkien, R. (1955): Über den Einfluß der Arbeit auf die Rhythmik des vegetativen Nervensystems. Rep. of the 5th Conf. of the Soc. for Biol. Rhythms. Stockholm: Aco Print, 1961.

Ramazzini, B. (1700): De morbis artificum diatriba. Modène (1st ed. 1700; 2nd ed. 1713). Franz. Übers. Cretton, O.: Les maladies des travailleurs. Torino: Minerva Medica. 1933.
Regelsberger, H. (1940a): Über die cerebrale Beeinflussung der vegetativen Nahrungsrhythmik. Z. ges. Neurol. u. Psychiatrie *169*, 532–542.

Regelsberger, H. (1940b): Die vegetative Nahrungsrhythmik und ihre klinische Bedeutung. Klin. Wschr. *19*, 1–6.
Reinberg, A., Chaumont, A. J., Laporte, A. (1975): Circadian Temporal Structure of 20 Shift-workers (8-Hour Shift–Weekly Rotation): An Autometric Field Study. In: Colquhoun, P. W., Folkard, S., Knauth, P., Rutenfranz, J. (Hrsg.): Experimental Studies of Shiftwork. Opladen: Westdeutscher Verlag.
Rieper, P. (1934): Zu viel Schlaf – zu wenig Schlaf? Umschau *38*, 585–586.
Rose, K. D., Grant, C., Dick, L., Fuenning, S. I., Horsbrugh, P. (1971): Physiological evidence for variations in intellectual circadian periodicity. J. Am. College Health Ass. *20*, 135–140.
Ross, W. D. (1956): Practical Psychiatry for Industrial Physicians. Springfield, Ill.: Ch. C Thomas.
Sander, L. W., Julia, H. L., Stechler, G., Burns, P. (1972): Continous 24-hour interactional monitoring in infants reared in two caretaking environments. Psychosomatic Med. *34*, 270–282.
Sheldon, W. H. (1942): The Varieties of Temperament. New York: Harper und Brothers.
Toulouse, E., Piéron, H. (1907): Le mécanisme de l'inversion chez l'homme du rythme nyctéméral de la température. J. Physiol. et Pathol. Générale *9*, 425–440.
Tune, G. S. (1969): The influence of age and temperament on the adult human sleep-wakefulness pattern. Brit. J. Psychol. *60*, 431–441.
Vernon, H. M., Bedford, T., Warner, C. G. (1924): The influence of rest pauses on light industrial work. Ind. Fatigue Res. Board (London) *25*.
Voigt, E.-D., Engel, P., Klein, H. (1968): Über den Tagesgang der körperlichen Leistungsfähigkeit. Int. Z. angew. Physiol. einschl. Arbeitsphysiol. *25*, 1–12.
Wahlberg, I., Åstrand, I. (1973): Physical work capacity during the day and at night. Work-Environment-Health *10*, 65–68.
Webb, W. B., Review of E. Hartmann (1973): Sleep requirement: long sleepers, short sleepers, variable sleepers, and insomniacs. Sleep Reviews *R73*, 143–144.
Wedderburn, A. A. I. (1972a): Sleep patterns on the 25 hour day in a group of tidal shiftworkers. Studia Laboris et Salutis (Stockholm) No. 11, 101–106.
Wedderburn, A. A. I. (1972b): General Discussion: Future Research needs. In: Colquhoun, W. P. (Hrsg.): Aspects of Human Efficiency: Diurnal Rhythm and Loss of Sleep. London: English Universities Press.
Wever, R. (1969): Untersuchungen zur circadianen Periodik des Menschen – mit besonderer Berücksichtigung des Einflusses schwacher elektrischer Wechselfelder. Max-Planck-Inst. Forschungsber. (DDR) BMwF-FB W 69–31.
Wever, R. (1974): Bedeutung der circadianen Periodik für das Alter. Naturwissensch. Rundschau *27*, 475–478.
Winterstein, H. (1932): Schlaf und Traum. Berlin: Springer.
Wuth, O. (1931): Klinik und Therapie der Schlafstörungen. Schweiz. Med. Wschr. *12*, 833–837.
Yoder, T. A., Botzum, G. D. (1971): The long-day short-week in shift work: a human factors study. Proc. of the Human Factors Soc. Conf., New York. Santa Monica: The Human Factors Soc.

Anschrift des Verfassers: Dr. O. Östberg, Department of Occupational Health, National Board of Occupational Safety and Health, Fack, S-100 26 Stockholm, Schweden.

If you have any concerns about our products,
you can contact us on
ProductSafety@springernature.com

In case Publisher is established outside the EU,
the EU authorized representative is:
**Springer Nature Customer Service Center GmbH
Europaplatz 3, 69115 Heidelberg, Germany**

Printed by Libri Plureos GmbH
in Hamburg, Germany